科学的历程

上 少年版

从古希腊到17世纪

吴国盛 著

红红罗卜 绘

中信出版集团 | 北京

图书在版编目（CIP）数据

科学的历程：少年版. 上 / 吴国盛著；红红罗卜
绘. -- 北京：中信出版社，2023.6
ISBN 978-7-5217-5139-0

Ⅰ.①科… Ⅱ.①吴… Ⅲ.①科学史 – 世界
– 少年读物 Ⅳ.①G3-49

中国版本图书馆CIP数据核字(2022)第254708号

本书由湖南国盛科学文化传播有限公司授权出版。

科学的历程：少年版. 上

著　　者：吴国盛
绘　　者：红红罗卜
出版发行：中信出版集团股份有限公司
　　　　　（北京市朝阳区东三环北路27号嘉铭中心　邮编　100020）
承 印 者：北京瑞禾彩色印刷有限公司

开　　本：787mm×1092mm 1/16　　印　张：13.25　　字　数：320千字
版　　次：2023年6月第1版　　印　次：2023年6月第1次印刷
审 图 号：GS京（2023）0813号
书　　号：ISBN 978-7-5217-5139-0
定　　价：128.00元

出　　品：中信儿童书店
策　　划：神奇时光
策划编辑：韩慧琴
责任编辑：韩慧琴
特约策划：李永平
文字改编：李永平　许韩茹
营销编辑：孙雨露　张琛
装帧设计：奇文雲海 [www.qwyh.com]
排版设计：奇文雲海 [www.qwyh.com]

版权所有·侵权必究
如有印刷、装订问题，本公司负责调换。
服务热线：400-600-8099
投稿邮箱：author@citicpub.com

自序

少年儿童是国家的未来，也是科学的未来，让他们从小了解科学的历史，并且从科学史中体会科学的精神，十分有意义。

《科学的历程》自1995年出版以来受到读者的欢迎，但部头太大，对知识背景有一定要求，并不适合少儿阅读。中信出版社的童书编辑团队和李永平先生将之改编为绘本，既保留了科学通史的脉络和结构，又按照少儿读者的年龄定位，缩减了文字，配置了近1400幅手绘插图，力图让小读者们有轻松愉快的阅读体验，希望小朋友们喜欢。

科学是人类探索宇宙奥秘的艰深智力游戏，是改造物质世界、创造物质财富的利器，也是人类精神自我提升的文化力量。我们学习科学，不只为了获取科学知识，更重要的是掌握科学方法、理解科学精神。希望这个绘本能够帮助大家走进科学的殿堂，领略科学的魅力。

吴国盛
2023年5月于清华荷清苑

目录

第一部分 希腊、罗马时代的科学

第一章·希腊 科学精神的起源 002

科学精神的发源地 002
古代希腊的地理范围 002

群星闪耀的时代 003
哲学和科学 003
文学、历史和戏剧 003

光大东方科学遗产 004
爱琴文明 004
希腊人的文字 004

奴隶制、城邦民主与哲学 005
奴隶制和城邦公民 005
城邦民主与哲学 005

第二章·希腊古典时代 006

希腊科学的古典时代 006
古典时代的终结 007

第一位自然哲学家泰勒斯 008
泰勒斯掉到井里了 008
泰勒斯与几何学 009
万物源于水 009

阿那克西曼德和阿那克西米尼 010
宇宙是个圆球,大地像面鼓 010
宇宙是个半球,大地像个盘子 010
第一次真正的科学实验——呼气试验 010

阿那克萨哥拉 011
种子论 011
太阳就是块火热的石头 011

毕达哥拉斯学派 012
数即万物 013
大地是个圆球 014
"杀死"无理数 014
宇宙也是个球体 015

芝诺悖论 016
阿喀琉斯 016
二分法 017
飞矢不动 017

早期原子论 018
万物都由看不见的原子构成 018

西方医学之父希波克拉底 019
医学从巫术中分离 019
希波克拉底誓言 019

雅典最有智慧的人苏格拉底 020
苏格拉底的对话术 021

自知无知的智慧	021	几何名称的由来	037

哲学家柏拉图　022
　　阿卡德米学园　023

数学家和天文学家欧多克斯　024
　　比例论　024
　　拯救现象　025

百科全书式学者亚里士多德　026
　　逍遥学派　026
　　百科全书式学者　027
　　生物学　027
　　天文学　028
　　物理学　028
　　四因说　029

古希腊建筑　030
　　帕提侬神庙　030
　　列柱　031
　　埃皮达鲁斯古剧场　031

第三章·希腊化时期　032

希腊化时期的科学　032

亚历山大里亚：亚历山大建立的城市　034
　　托勒密王朝的首都　034
　　缪塞昂学院　034

欧几里得与《几何原本》　036
　　希腊数学的集大成者　037

几何学家阿波罗尼　038
　　《圆锥曲线论》　038

日心说的先驱阿里斯塔克　039
　　地球与星辰一起绕太阳转动　039
　　日月的大小和距离　039

古代科学巨匠阿基米德　040
　　面积和体积　041
　　圆周率　041
　　平衡问题和浮力问题　042
　　杠杆原理　042
　　浮力定律　043

埃拉托色尼测定地球大小　046
　　测定地球大小　047

天文学家希帕克斯　048
　　从平面三角到球面三角　048
　　本轮－均轮体系　049
　　星等和岁差　049

工程师克特西布斯　050
　　克特西布斯的发明　051

工程师和数学家希罗　052
　　希罗的发明　052
　　希罗的数学成就　053

希腊天文学的集大成者托勒密　054

《天文学大成》…………………………054
　　地理学……………………………………055
希腊医学的集大成者盖伦……………056
　　临床实践…………………………………057
　　医学理论…………………………………057
代数学家刁番都………………………058
　　刁番都方程………………………………058

第四章·罗马帝国时期 …………059
务实的罗马人…………………………059
　　不称职的继承人…………………………059
儒略历的诞生…………………………060
　　古埃及的太阳历…………………………060
　　从努马历到儒略历………………………060
　　格里高利历………………………………061

哲学诗人卢克莱修……………………062
　　古代原子论的三个发展阶段……………062
　　《物性论》………………………………063
西方建筑学鼻祖维特鲁维……………064
　　《维特鲁维人》…………………………064
塞尔苏斯与罗马医学的百科全书……065
　　医书………………………………………065
博物学家普林尼………………………066
　　《自然志》………………………………067
古罗马人的技术成就…………………068
　　公共医疗…………………………………068
　　公共交通…………………………………068
　　水道………………………………………068
　　罗马公共建筑……………………………069

第二部分 西方不亮东方亮

第一章·阿拉伯科学的兴盛 ……072
衰落与兴起……………………………072
阿拔斯王朝与大翻译运动……………073
　　阿尔·马蒙创办"智慧馆"……………073

炼金术的兴起…………………………074
　　炼金术士在亚历山大里亚………………074
　　阿拉伯人的炼金术………………………076
花拉子模与阿拉伯数学………………078
　　阿拉伯数字和代数学……………………079

地球周长	079

阿尔·巴塔尼与阿拉伯天文学　080
　　回归年的长度　080

阿尔哈曾与阿拉伯物理学　081
　　所有光线都来自太阳　081

阿维森纳与阿拉伯医学　082
　　阿拉伯医学的发展　082
　　阿拉伯医学的百科全书　082

阿维罗意与亚里士多德学说的复活　083
　　把希腊哲学引入伊斯兰教　083

第二章·中国独立发展的科技文明　084

稳定和发展　084
　　独特的科技体系　085

农学　086
　　《氾胜之书》　086
　　《齐民要术》　087
　　《陈旉农书》　088
　　《王祯农书》　088
　　《农政全书》　089

中医和中药　090
　　"外科之祖"华佗　090
　　内科医生张仲景　091
　　本草　092
　　针灸、诊脉和药方　093

天文学　094
　　制历先测天　094
　　天象观测　094
　　张衡的发明　096
　　盖天说、浑天说和宣夜说　097
　　祖冲之和《大明历》　097
　　僧人一行和《大衍历》　098
　　郭守敬的发明　099
　　郭守敬和《授时历》　099

算学　100
　　《周髀算经》　100
　　《九章算术》　100
　　刘徽、祖冲之、祖暅　101
　　《算经十书》　102
　　宋元时期的数学　102

陶瓷　104
　　陶器　104
　　瓷器　106

丝织技术　108
　　马王堆汉墓中的汉代丝织品　108
　　唐以后丝织技术的发展　108
　　丝绸之路　109

建筑　110
　　万里长城　110
　　赵州桥　111

佛教建筑 ... 112	从丹药到火药 ... 124
故宫 ... 114	从火药到火器 ... 125
纸的发明 ... 116	火药的西传 ... 125
五花八门的书写材料 ... 116	**指南针** ... 126
最早的纸 ... 117	各种各样的"指南针" ... 126
蔡伦和造纸技术的改进 ... 118	指南针与中国航海 ... 128
纸的西传 ... 119	**明代四大科技著作** ... 130
印刷术 ... 120	一部手工业百科全书 ... 131
雕版印刷 ... 121	一部地理学著作 ... 131
毕昇与活字印刷 ... 122	**传教士与西学东渐** ... 132
印刷术的传播 ... 123	传教士们带来的科学 ... 132
火药与炼丹术 ... 124	

第三部分 中世纪后期至 17 世纪的欧洲

◆ ◆ ◆

第一章·欧洲的苏醒 ... 136

黑暗的中世纪 ... 136
    不会写字的杰出国王 ... 137
    十字军东征对世界历史的影响 ... 137

欧洲学术的复兴 ... 138
    向阿拉伯人学习欧洲古典文化 ... 138

大学的出现 ... 139
    欧洲最古老的大学 ... 139

托马斯·阿奎那：用逻辑学解释神学 ... 140
    上帝存在的证明 ... 140

罗吉尔·培根 ... 141
    超越时代的人 ... 141

城市兴起和教堂兴盛 ... 142
    城市兴起 ... 142
    教堂的样式 ... 142

第二章·文艺复兴与地理大发现 143

古典文化在意大利复兴 143
- 揭开序幕的艺术家们 143
- 全面成熟时期 144

天才达·芬奇 145
- 工程技术 145
- 物理学 145
- 光学 145
- 天文学 145
- 生理学 145

罗盘、枪炮、印刷术和钟表 146
- 罗盘 146
- 枪炮 146
- 谷登堡印刷术 147
- 越来越准的钟表 147

寻找遥远的黄金之国 148
- 《马可·波罗游记》 148
- 葡萄牙人航行到印度 148
- 从印度归来的船队 149
- 不曾远航的航海家 149
- 好望角名称由来 149

意大利人哥伦布抵达美洲 150
- 到达印度群岛 150
- 到不了的亚洲 151
- 谁发现了新大陆？ 151

葡萄牙人麦哲伦的环球航行 152
- 太平洋的发现及其名称的由来 152
- 抵达香料群岛 153
- 绕地球一周归来 153

第三章·哥白尼革命 154

中世纪的宇宙结构 154
- 中世纪前期：宇宙是一顶大帐篷 154
- 中世纪后期：上帝是宇宙的第一推动者 154

业余天文学家哥白尼的新宇宙构想 155
- 简洁即正义 155
- "轮子"太多了！ 156
- 是天球，不是天体 156

哲学家布鲁诺的无限宇宙 157
- 从封闭世界到无限宇宙 157

天才天文观测家第谷·布拉赫 158
- 发现新星 158
- 观测彗星 158
- 维文岛天文台 158
- 历法改革 158

天空立法者开普勒 159
- 天马行空的数学宇宙 159
- 神秘的火星 159
- 椭圆定律 160
- 最后一个天球 160
- 贫穷的天文学家 160

第四章·新物理学的诞生　161

假设地球绕着太阳转　161
- 地动抛物　161
- 恒星视差　161
- 是什么把行星束缚在太阳周围　161

近代物理学之父伽利略　162
- 摆的等时性　162
- 两个铁球同时着地　163
- 斜面实验　163
- 月亮上的山脉　163

磁学研究的先驱吉尔伯特　164
- 地球是一块大磁石　164
- 发现静电　164

奇妙的真空　165
- 托里拆利实验　165
- 帕斯卡多姆山实验　165
- 马德堡半球实验　166
- 波义耳-马略特定律　166

研究弹簧的胡克　167
- 胡克定律　167

德高望重的惠更斯　168
- 发现猎户座星云、土卫六及土星的光环　168
- 第一架摆钟　169
- "活力"守恒原理　169
- 离心力公式　169
- 光是一种波　169

最伟大的天才——牛顿　170
- 从乡下孤僻少年到剑桥大学学生　170
- 奇迹之年　171
- 微积分　171
- 太阳光谱理论：太阳光是彩色的　171
- 吊起地球的苹果　172
- 万有引力　172
- 三大运动定律　173
- 《自然哲学的数学原理》　173

第五章·从炼金术到化学　174

开创医药化学的人　174
- 用矿物质制药　174
- 三要素说　174

沉迷矿物学的医生　175

赫尔蒙特的定量实验　176
- 柳树实验　176
- "空气"不是一种气体　176

"怀疑的化学家"波义耳　177
- 元素的概念　178
- 火在化学分解中的作用　178
- 燃烧与空气　178

第六章 · 近代生命科学的肇始　179

解剖人体的维萨留斯　179
- 没能正常毕业的教授　179
- 《人体结构》　180

血液运行的秘密　181
- 塞尔维特发现血液的肺循环　181
- 法布里修斯发现静脉瓣膜　181
- 哈维创立血液循环理论　182
- 《心血运动论》　183

显微镜下的新世界　184
- 马尔比基的发现　184
- 列文虎克的发现　185
- 胡克和他的《显微图》　186
- 斯旺麦丹研究昆虫　186

第七章 · 近代科学的观念和方法　187

弗朗西斯·培根：实验科学的鼓吹者　187
- 仕途顺达　187
- 知识就是力量　187
- 实验归纳法　188
- 科学之国　188

笛卡儿：我思故我在　189
- 魔鬼的恶作剧　189
- 人是机器　190
- 直角坐标系　190

伽利略与牛顿的科学方法　191
- 伽利略的"理想实验"　191
- 牛顿的"归纳-演绎"法　191

第八章 · 欧洲的科学组织与科研机构　192

意大利的科学组织　192
- 自然秘密研究会　192
- 林琴科学院　192
- 齐曼托学院　192

英国的"所罗门宫"　193
- 哲学学会　193
- 英国皇家学会　194
- 弗拉姆斯特德和格林尼治天文台　195
- 哈雷彗星　196

法国：巴黎科学院　197
- 皮卡尔、卡西尼和巴黎天文台　198

莱布尼茨与柏林科学院　199
- 莱布尼茨的科学成就　199
- 筹办柏林科学院　199

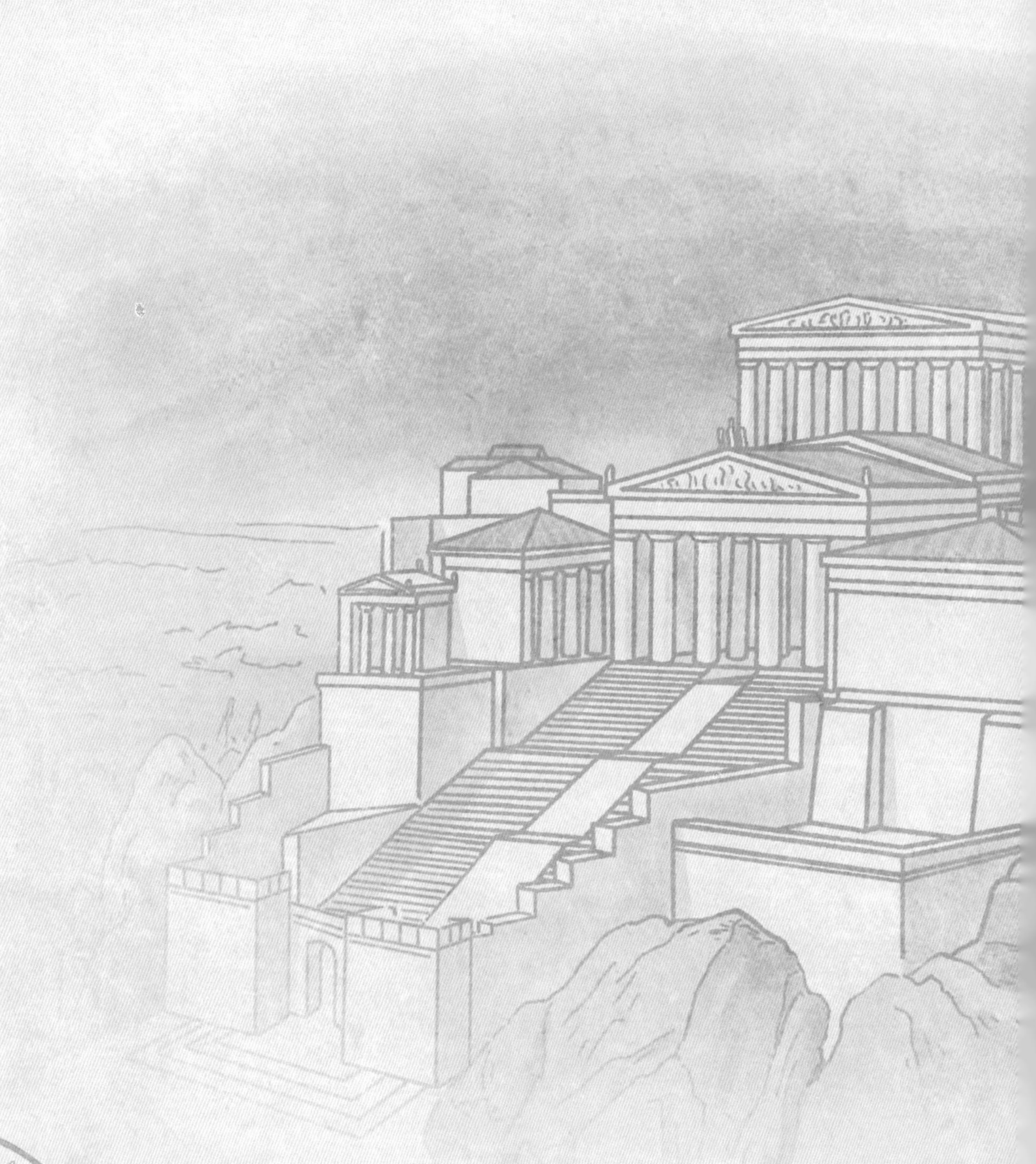

第一部分

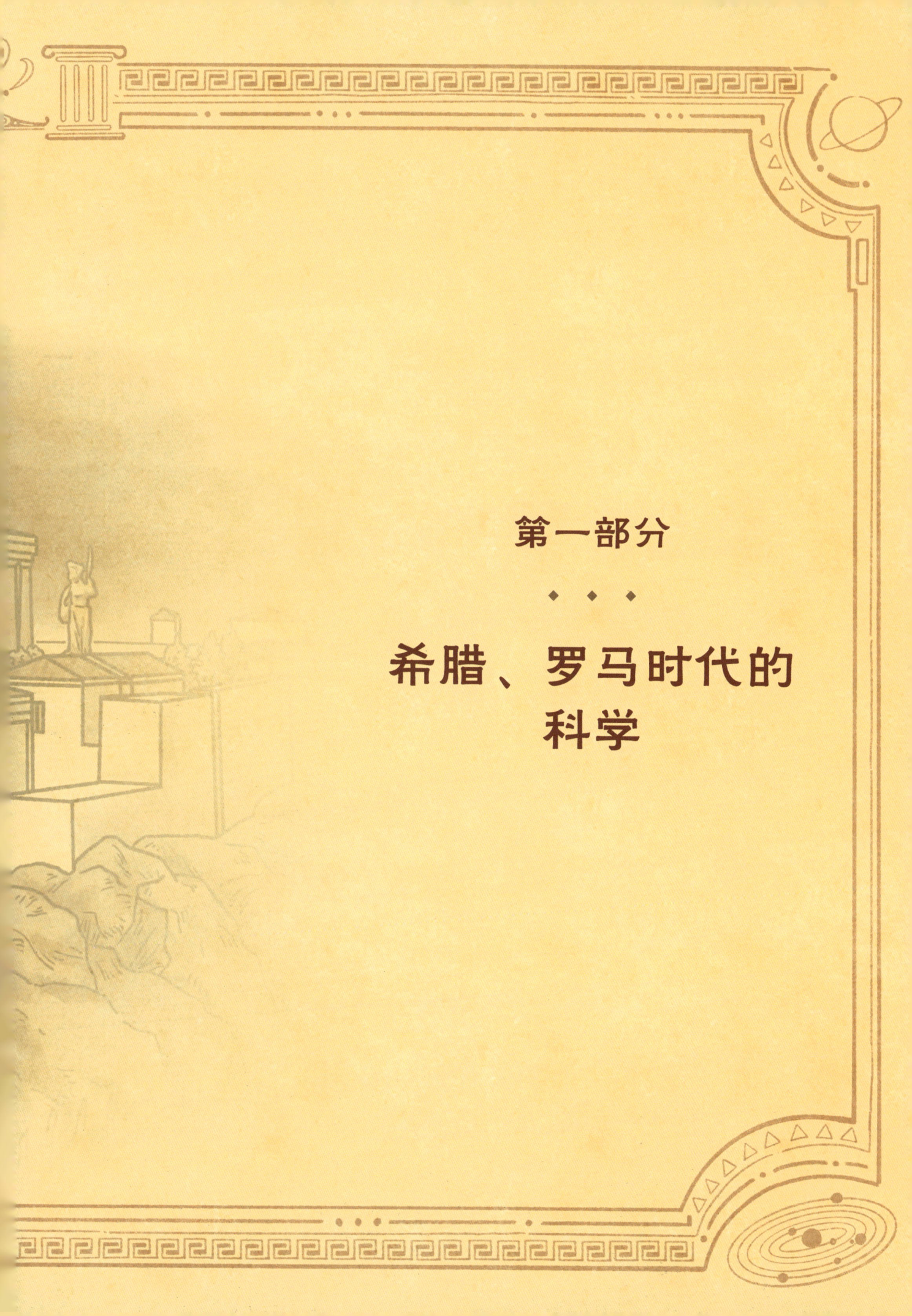

· · ·

希腊、罗马时代的科学

◆ 第一章 ◆ 希腊 科学精神的起源 ◆
科学精神的发源地

我们现在所说的科学，通常指16、17世纪在欧洲发展起来的近代科学。近代科学的诞生得益于许多条件，其中也包括中国古代的伟大发明所起的作用，但它的思想根源在古代希腊。

2 000多年前的古代希腊人创造的光辉夺目的文化成就为近代科学奠定了基础。古代希腊是科学精神的发源地。

古代希腊的地理范围

古代希腊并不局限于今天巴尔干半岛南端的希腊半岛这块地方。从公元前8世纪开始，古代希腊人就向海外殖民，在东方和西方建立了许多殖民地城邦。总的来说，古代希腊人生活在包括希腊半岛本土、爱琴海东岸的爱奥尼亚地区（今天土耳其西南部沿海地带）、南部的克里特岛以及意大利南部地区在内的地方。

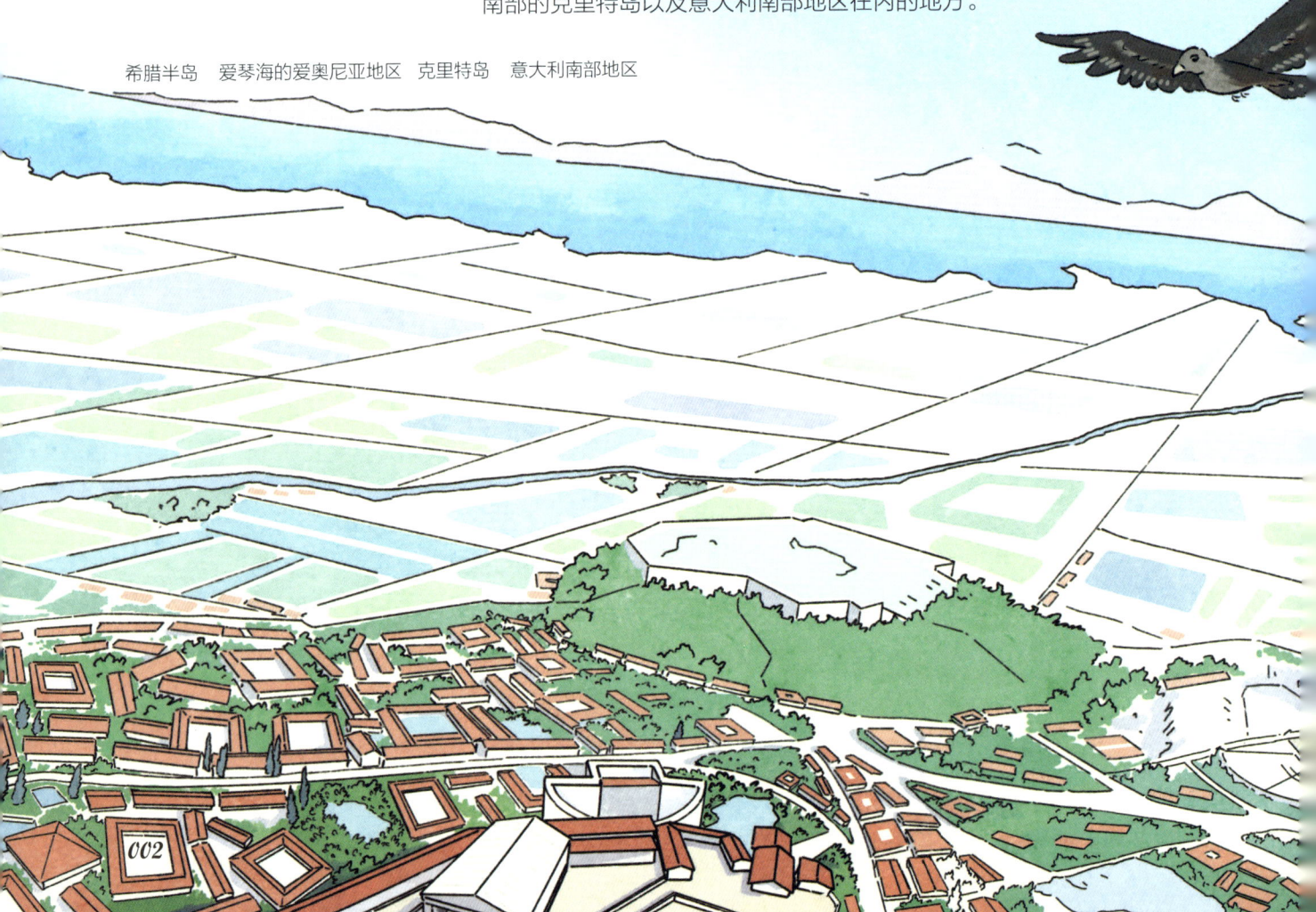

希腊半岛　爱琴海的爱奥尼亚地区　克里特岛　意大利南部地区

群星闪耀的时代

古代希腊人对近代世界的影响主要体现在思想领域。相比在它之后崛起的古代罗马，古代希腊人没有留下什么造福后代的伟大工程和杰出的技术发明，政治和军事上的风光持续时间也不长。令它的光辉历久不衰的是一大批天才人物和他们的思想遗产。这些人在公元前5世纪左右集中涌现，他们是后世许多知识领域的开创者。

任何一个时代出现这么多天才的人物，它都称得上是伟大的时代，但说希腊时代是伟大的时代还很不够。在地中海域这样一个狭小的地方，在周遭都处在无边黑暗之中的时候，希腊人不仅在科学、哲学和艺术上作出了伟大的成就，而且创造了一种全新的精神，而这种精神恰恰是真正的现代精神。这才是奇迹所在。

希腊人之所以创造了这么辉煌的文化成就，是因为他们继承和光大了东方两河流域、尼罗河流域的科学遗产，将之发展到了一个更新的高度。

哲学和科学

在这光辉灿烂的群星中，有最早的自然哲学家泰勒斯、阿那克西曼德、阿那克西米尼、赫拉克利特、巴门尼德、芝诺、恩培多克勒、阿那克萨哥拉、留基伯、德谟克利特，有人文哲学家普罗泰哥拉、高尔吉亚、苏格拉底，有体系哲学家柏拉图、亚里士多德，有天文学家默冬、欧多克斯、阿里斯塔克、希帕克斯、托勒密，有数学家欧几里得、阿波罗尼、希罗、刁番都，有物理学家阿基米德，有医学家希波克拉底、盖伦，有地理学家希西塔斯、埃拉托色尼，有生物学家特奥弗拉斯特。

文学、历史和戏剧

在文学、历史和戏剧领域，也能列出一长串天才的名字：诗人荷马、品达、萨福，寓言家伊索，悲剧大师埃斯库罗斯、索福克勒斯、欧里庇得斯，喜剧大师阿里斯托芬，历史学家希罗多德、修昔底德、色诺芬。

光大东方科学遗产

地中海地区是欧洲、亚洲、非洲三块大陆的交界处，也是古埃及、古巴比伦、古波斯文明的发祥地。古代希腊人在这一区域定居发展，不可避免地会继承这些东方文明的部分遗产。

古希腊的许多哲学家都曾亲自到西亚和古埃及游历，学习当地的先进文化。希腊神话从神的名字到神的谱系，都可以找到东方的来源。古埃及的几何学，古巴比伦的天文学和代数，发达程度远在古希腊之上，自然也是古希腊人学习的对象。

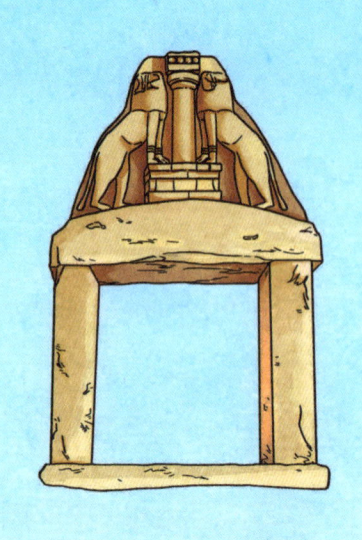

迈锡尼古城遗址：狮子之门

爱琴文明

希腊古典文化是爱琴文明的后代。爱琴海是地中海的一部分，在希腊半岛东面。这片海域岛屿众多，其中最大的就是希腊神话中的克里特岛。克里特文明是爱琴文明的第一阶段，存续时间大约为公元前2000年至公元前1400年。研究表明，它极有可能是古埃及文明的一个分支。

迈锡尼文明是爱琴文明的第二阶段，是希腊人的祖先之一阿卡亚人在希腊本土的迈锡尼地区发展起来的，存续时间大约为公元前1600到公元前1100年。迈锡尼文明一开始向先进的克里特文明学习，最终后来居上，将克里特岛占为己有。

米诺斯王宫

希腊人的文字

克里特文明时期，爱琴海地区相继出现了象形文字和线形文字A。迈锡尼地区的阿卡亚人吸收了线形文字A的某些因素，创造了线形文字B，这是古代希腊语民族最原始的文字。但迈锡尼文明被另一支希腊人多立克人摧毁之后，线形文字B就中断了。有几百年时间，希腊地区没有文字，荷马史诗是盲诗人们的口头创作。

我们现在看到的希腊字母表，其主体来自腓尼基人在埃及象形文字基础上创造的字母表。腓尼基人善于航海，精于商业，他们的文字随着商人的脚步传到希腊各地，逐渐形成了后世所看到的希腊文字。

奴隶制、城邦民主与哲学

亚里士多德在《形而上学》中说，希腊人研究哲学和科学，不是以实用或功利为目的，而只是为了满足和解释他们对自然和社会现象的好奇和困惑。而要从事这种纯粹的求知活动，人们必须有足够的闲暇，不必为生活奔波劳碌。

奴隶制和城邦公民

现代人读《柏拉图对话录》，不免觉得雅典似乎满大街都是哲学爱好者，人们随时可能停下来参与一场不接地气的哲学辩论。支撑这种闲适生活的，除了发达的海上贸易带来的财富，更重要的还有古希腊的奴隶制度。

古希腊人大量役使奴隶从事体力劳动，这些人要么曾是战争中的俘虏或外邦人，要么曾是城邦自由民，因贫困而沦为奴隶，在城邦公共事务上没有发言权。开明的民主制度和充裕的闲暇只有真正的城邦公民才能享有。正是奴隶们的辛苦劳作使城邦公民可以醉心于没有物质产出的哲学探索。

城邦民主与哲学

古代希腊人从未建立统一的国家，在希腊本土及其殖民地分布着数百个大大小小的城邦。所谓城邦，指的是由核心城市与其周边农村一起构成的小国家。它们独立自主、相互竞争，外邦人可以自由出入。这使得整个古代希腊在思想学术上呈现出百家争鸣、碰撞交流的盛况。

公元前6世纪至前5世纪，许多希腊城邦确立了民主制度，其中最突出的是雅典。雅典的民主制度鼓励公民谈论政治、法律和规则，辩论术盛行，为古代希腊哲学的繁荣提供了民众基础。

◆ 第二章 ◆ 希腊古典时代
希腊科学的古典时代

从第一位自然哲学家泰勒斯开始，到马其顿王亚历山大大帝征服全希腊为止，这200多年是希腊科学的古典时代，按时间和区域可分为三个阶段。

第一阶段：爱奥尼亚阶段——自然哲学

地域：爱琴海东岸的爱奥尼亚地区
代表人物：泰勒斯、阿那克西曼德、阿那克西米尼、阿那克萨哥拉

第二阶段：南意大利阶段——数的哲学

地域：意大利南部
代表人物：毕达哥拉斯及其信徒

毕达哥拉斯

恩培多克勒

第三阶段：雅典阶段

地域：希腊本土
代表人物：苏格拉底、柏拉图、亚里士多德

古典时代的终结

在希腊诸城邦中，雅典起初并不突出。直到公元前594年政治家梭伦被推举为首席执政官，雅典才逐步强大起来。经过梭伦、克利斯提尼和伯里克利的接力改革，雅典确立了民主体制，整体欣欣向荣。

公元前5世纪初，向地中海东岸扩张的波斯帝国军队开始直接威胁希腊本土。在希腊城邦与波斯帝国之间的一系列战争中，雅典担负起了领导者的角色。战争持续了半个世纪，以希腊世界获胜而告终，雅典由此确立了自己在希腊世界的霸主地位。

但雅典的傲慢不久就引起斯巴达人的不满，导致了长达27年的伯罗奔尼撒战争。这场战争使希腊社会元气大伤，最后屈服于马其顿的统治，古典时代宣告终结。

柏拉图　苏格拉底　亚里士多德

第一位自然哲学家泰勒斯

泰勒斯是西方历史上第一位哲学家,他关注的对象是自然界。这跟中国古代的哲学家格外关注人的社会生活很不一样。

泰勒斯大约生于公元前624年,其家族是爱琴海东岸希腊殖民城邦米利都的名门望族。他是当时希腊世界的著名人物,和雅典的执政官梭伦同列"七贤"。他不仅擅长政治事务,也懂自然科学,是西方最早的天文学家和几何学家。

泰勒斯掉到井里了

米利都地处出海口,靠海生活,海外贸易发达,这里的人因此很重视天象观测。据说泰勒斯写过关于春分、秋分、夏至、冬至的书,观测到太阳在冬至点和夏至点之间运行时速度并不均匀,发现了小熊星座,还曾预言过日食。他年轻时曾游历过巴比伦,可能是从巴比伦人那里学到了先进的天文学知识。

柏拉图讲过一个故事。某天夜里,泰勒斯专注于观察天空,不小心掉进了井里。一名女奴看见了,就笑话泰勒斯热衷于天上的事情,却连脚底下的事都看不见。这个故事告诉我们,哲学和科学作为一种理论思维,在某种意义上是脱离实际的。

哲学家致富

据说泰勒斯一度很贫困,遭到周围人的轻视。大家说,哲学有什么用,知识有什么用,到头来还不是囊中羞涩?泰勒斯对此不以为然。

有一年冬天,他运用天文学知识预测来年橄榄将大丰收,于是将手头资金全部投入,租用了当地所有的榨房。由于没人与他竞争,租金很低。到了收获季节,橄榄果然大丰收,榨房的租金一下子涨上去了,泰勒斯一举发了大财。他向人们表明,哲学家要致富很容易,只是他们志不在此。

泰勒斯与几何学

泰勒斯年轻时曾游历过埃及。他把埃及的测地术引进希腊，并将其发展为一般性的几何学。

有文献记载，他成功地在圆内画出了直角三角形后，宰牛庆贺。

也有记载说，他在埃及求学期间运用相似三角形原理求出了金字塔的高度。解题方法是，当人的影子与其高度一致时，测量金字塔的影子就能得出金字塔的高度。

以下五个几何定理被认为是由泰勒斯提出的：（1）圆周被直径等分。（2）等腰三角形的两个底角相等。（3）两直线相交，对顶角相等。（4）两三角形中两角及其所夹之边相等，则两三角形全等。（5）内接半圆的三角形是直角三角形。

万物源于水

泰勒斯有一句名言："万物源于水。"这个论断看起来非常简单，但这种思考问题的方式很不寻常。它追究万物的共同本原。这是哲学思维的开始，也是科学地看待自然界的第一原则。而且，它找到的这个本原是水，是一种自然界实际存在的物质，而非缥缈的神或精神的力量。

泰勒斯得出这个结论，可能是因为他发现一切生命都离不开水，种子只有在潮湿的地方才能生根发芽；他也一定发现大地处于海洋的包围之中，湿气总是充盈在大地的每个角落。基于对水是万物本原的认识，泰勒斯认为：大地浮在水上，是静止的；地震是由水的运动造成的，就像船在水面上随波晃动那样；水蒸发形成的湿气滋养着地上万物，也滋养着日月星辰，甚至整个宇宙。

阿那克西曼德和阿那克西米尼

泰勒斯的学生阿那克西曼德及徒孙阿那克西米尼也都是古希腊米利都人，他们共同组成了西方哲学史上第一个学派——米利都学派。

宇宙是个圆球，大地像面鼓

阿那克西曼德提出，宇宙是球状的，星辰镶嵌在圆球上。但他还没有地球的概念，他认为大地是柱状的，像鼓一样，有两个彼此相反的表面，人就住在其中一个表面上。

宇宙是个半球，大地像个盘子

阿那克西米尼改进了老师的宇宙模型。他认为宇宙是个半球，像毡帽一样罩在大地上，大地则像个盘子，浮在气上。

第一次真正的科学实验——呼气试验

阿那克西米尼认为万物都由气组成，气的浓密和稀散造就了不同的物体。

为什么人嘴里可以呼出热气，也可以吐出冷气呢？因为闭紧嘴唇压缩气就吐出冷气，放松嘴唇则呼出热气。

阿那克西米尼的万物由气组成的理论具有现代科学的特征。其呼气实验可以称为第一次真正的科学实验。

冷气　热气

阿那克萨哥拉

爱奥尼亚地区后来还出了一位重要的哲学家——阿那克萨哥拉。他生于米利都附近的希腊殖民城邦，在家乡被波斯人攻陷后逃往雅典，也将米利都的思想带到了那里。

雅典的异端

不幸的是，阿那克萨哥拉天才的思想在雅典被视为异端。他被抓进了监狱，差点被处死，经执政官伯里克利调解才幸免于难，后来被逐出雅典。

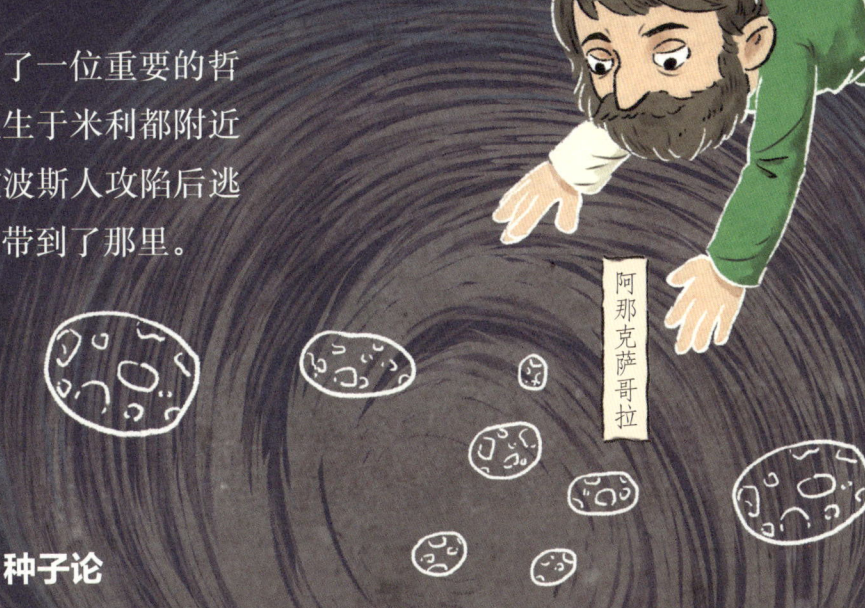

阿那克萨哥拉

种子论

他继承了米利都学派的传统，关注自然哲学问题，提出了独特的物质结构理论——种子论。

种子论主张，任何感性的物质都只能由带有它本身特质的更小的种子来解释；万物的种子在宇宙创生时是混为一体的，在宇宙巨大的旋涡运动中才开始分离。

太阳就是块火热的石头

阿那克萨哥拉认为，太阳、月亮和星辰不过就是火热的石头，与地上的物体没有本质区别；太阳只比伯罗奔尼撒半岛大一些。

毕达哥拉斯学派

毕达哥拉斯是西方历史上著名的数学家和哲学家，公元前570年左右生于爱奥尼亚地区的萨摩斯岛，这里也是古希腊人的殖民城邦之一，与泰勒斯所在的米利都隔海相望。毕达哥拉斯年轻时曾向泰勒斯求学，后者劝他去埃及游学。他在埃及住了相当长的时间，学习了数学和宗教知识。

毕达哥拉斯定理

任意一个直角三角形的两条直角边的平方之和等于其斜边的平方。这个定理在我国周朝出现，被称为勾股定理，在西方被称为毕达哥拉斯定理。许多民族都很早就发现了"勾三股四弦五"这一特殊的数学关系，但一般关系的证明是毕达哥拉斯学派最先做出的。

从埃及回来后，毕达哥拉斯离开家乡萨摩斯，移居南意大利的克罗顿，在那里讲学授徒，受到当地人的尊崇。他的学派发展成了一个兼科学、宗教和政治于一身的庞大组织。由于其秘密宗教团体的性质，外人很难弄清楚该学派的数学和哲学理论究竟是由毕达哥拉斯本人还是由他的某个学生或门徒提出，只好统称为毕达哥拉斯学派。

数即万物

毕达哥拉斯学派的主要贡献在数学方面。在古希腊时期,"数学"含义较广,包括算术、几何、天文学和音乐学。

在算术中,他们研究了三角形数、四边形数以及多边形数,发现了三角形数和四边形数的求和规律;在几何学中,他们发现并证明了三角形内角之和等于180°,还研究了相似形的性质,发现平面可以用等边三角形、正方形和正六边形填满。

在音乐学中,他们发现,决定不同谐音的是某种数量关系,与物质构成无关。

相传,毕达哥拉斯有一次路过铁匠铺,听到里面的打铁声时有变化,走近看,发现不同质量的铁会发出不同的谐音。回家后,他以琴弦做试验,发现了同一琴弦中不同张力与发音音程之间数的关系。

受这些研究的启发,他提出了"数即万物"的哲学观点,这听上去有些荒谬。但换种说法,说事物所遵循的规律是数学的,是不是就合理多了?

毕达哥拉斯学派痴迷于追问自然界的数学规律,这一古希腊哲学独有的传统将在未来引领科学史上的重大发现。

大地是个圆球

在今天，就连幼儿园小朋友都知道大地是个圆球，他的小书桌上也许就摆着一个地球仪。但"地球"的概念并非向来就有，它最早是由毕达哥拉斯提出的，在他之前，人们只有大地的概念。

地球概念的提出，打破了天地有别的观念，使地球成为天体之一。近代科学的哥白尼革命某种意义上也只是毕达哥拉斯思想的延续。

"杀死"无理数

毕达哥拉斯学派把数只理解成正整数，他们相信万物之间的关系都可归结为整数与整数之比。无理数的发现令他们很伤脑筋，因为无理数恰恰不能归结为整数与整数之比。

据说有一次，毕达哥拉斯学派的成员在海上游玩，其中一个叫希帕苏斯的人提出$\sqrt{2}$不能表示成任何两个整数之比，其他成员认为他亵渎了老师的学说，竟将他丢入海中。不过毕达哥拉斯学派后来还是认识到$\sqrt{2}$确实是个无理数，并给出了证明。

老师！

宇宙也是个球体

毕达哥拉斯还认为，宇宙也是个球体。它由一系列半径越来越小的同心球组成，每个球都是一个行星的运行轨道，行星被镶嵌在自己的天球上运动。

位于宇宙中心的是"中心火"，所有天体都绕"中心火"转动。当时已知的天体有地球、月亮、太阳、金星、水星、火星、木星和土星。它们镶嵌其上的8个天球再加上恒星天球，一共9个。但毕达哥拉斯学派认为"10"才是最完美的数字，天球的数量只能是10个。为此，他们假想出一个天体叫"对地"，意思是与地球相对。我们在天空中看不见"对地"，因为它总处在"中心火"的那一边，与地球相对。我们人类居住在地球上背着"中心火"的一面，因此既看不到"中心火"，也看不到"对地"。

毕达哥拉斯学派的菲罗劳斯（生活于公元前5世纪后半叶）还绘制出了一幅宇宙结构图，图中天体由里到外依次为：中心火、对地、地球、月亮、太阳、金星、水星、火星、木星、土星和恒星天。

这种地球-天球的两球宇宙论模式为古希腊天文学奠定了基础。在天球转动的基础上，古希腊天文学家运用几何学方法构造与观测相符合的宇宙模型，又在模型的基础上进一步进行观测，这使古希腊的数理天文学达到了古代世界的顶峰。

芝诺悖论

公元前5世纪左右，在南意大利的爱利亚城邦出现了一个新的哲学流派，史称爱利亚学派，代表人物是巴门尼德和他的学生芝诺。这个学派的观点以晦涩难懂出名。芝诺提出了若干悖论来反证一个匪夷所思的观点：世界本质上是静止的，运动只是假象。

据说芝诺悖论最初多达40个，现在流传最广的有4个，包括阿喀琉斯、二分法、飞矢不动和运动场，本文介绍前三个较为不复杂的悖论。这些悖论逻辑简单，任何人一听就明白，但其结论完全出人意料。人们不免觉得这肯定是诡辩。曾经有许多哲学家力图指出它们的谬误所在，但其中的问题至今仍未彻底解决。

> **被忽略的假设**
>
> 假设阿喀琉斯的速度是v_1，乌龟的速度是v_2，二者初始距离是d，那么他追上乌龟的时间是$d/(v_1-v_2)$。这是小学生也会做的题目。既然如此，有什么理由说他永远追不上乌龟呢？
> 有一点你可能没注意到，你在列出这个算式时，已经假定阿喀琉斯能追上乌龟了。

阿喀琉斯

第一个悖论叫"阿喀琉斯"。

阿喀琉斯是古希腊神话中擅长跑步的英雄。芝诺让他和乌龟赛跑，乌龟起跑的位置比阿喀琉斯靠前一些。

他若想追上乌龟，首先必须到达乌龟起跑的位置。而当他到达时，乌龟已经往前爬了一段了。这时他面临跟之前同样的境况：他要追上乌龟，必须先跑到乌龟此刻的位置。这种境况可以无限次出现。

阿喀琉斯虽然跑得快，也只能一步步逼近乌龟，但永远追不上它。乌龟总是在他前头，他与乌龟之间总有一段距离要跑，这个距离越来越短，但一直存在。

二分法

第二个悖论叫二分法。

任何物体要想由 A 点运行到 B 点，必须先到达 AB 的中点 C。而要想到达 C 点，必须先到达 AC 的中点 D，以此类推，这个二分过程可以无限进行下去，于是这个物体不可能离开 A 点移动哪怕一丁点儿距离。

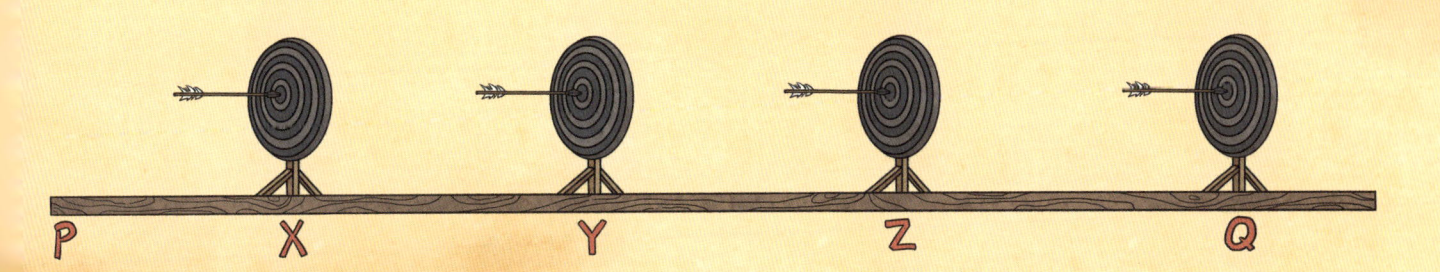

飞矢不动

假设有人射出一支箭，箭从空中飞过。芝诺说，运动意味着位置变化，一个东西老待在一个位置不叫运动。可是，飞行着的箭在任何一个时刻不就待在一个位置上吗？所以，任一时刻它都是不动的，进而也可以说，它就是静止的。

早期原子论

早期的自然哲学家们倾向于把大自然中的万事万物归于某种单一的自然物质，如水、气、火等。这些理论细想起来并不能令人信服。但他们努力在复杂多样的自然事物中寻求统一的东西，对科学而言，这个大方向是对的。

公元前5世纪后半叶，古希腊爱奥尼亚人留基伯和德谟克利特提出了原子论。他们不赞同在宏观上将一些自然物归结为另一些自然物的做法，而是将宏观的东西归结为微观的东西，这些微观的东西就是原子。

万物都由看不见的原子构成

"原子"在希腊文中原意为不可再分割的东西。一再分割某物体，最后会达到一个极限，即原子。虽然原子太小，直接用眼睛看不见，但世上万物都由原子构成。

为什么事物之间会有差异呢？原子论者说，这是因为组成它们的原子在形状、大小和数量上不一样。这个答案的不寻常之处在于，它把丰富多彩的事物之间的区别还原为量的差异，使复杂的自然界可以用数学来描述。

> **真正的"原子"**
>
> 近代科学复兴了原子论，并在实验基础上揭示了物质世界的原子结构。物质由分子构成，分子由原子构成，原子由原子核和核外电子组成，原子核也有其内部结构。可以说，人们仍未找到真正的不可分割的"原子"。

西方医学之父希波克拉底

希波克拉底是古希腊著名的医生，在西方被尊为"医学之父"。他大约在公元前460年出生于古希腊爱奥尼亚地区科斯岛的一个医生世家，自小受到良好的教育。据说他曾到处求学，是智者高尔吉亚的学生，也是原子论者德谟克利特的朋友。他在希腊各地为人治病，雅典特别授予这个外邦人"雅典荣誉公民"的称号。

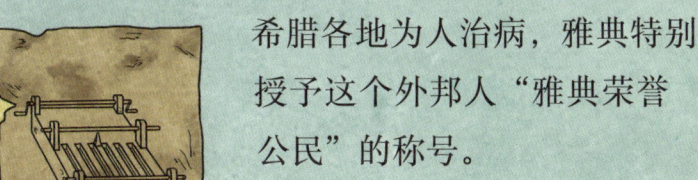

希波克拉底治疗台

医学从巫术中分离

希波克拉底的最大贡献是将医学从原始巫术中分离出来，以理性的态度对待疾病。

他从临床实践出发，创立了自己的医学理论。他认为，人身上有四种体液，即血液、黄胆汁、黑胆汁和黏液，这四种体液的流动维系着人的生命。体液调和、平衡，人就健康，反之人就生病。他的体液理论在很长一个时期是西方医学的理论基础。

希波克拉底誓言

希波克拉底不仅医术高超，医德也为人称道，在他周围形成了一个医学学派和医生团体。他提出了著名的希波克拉底誓言，要求每一个想当医生的人依此行事，不因病人的性别、地位区别对待他们，尽力为病人着想，并检点自身，绝不用所知所学害人，终身以纯洁与神圣的精神履行职责。

雅典最有智慧的人苏格拉底

　　苏格拉底可能是西方哲学史上最有名的人。遗憾的是，他没有留下著述，后世对他的学说和生平的了解主要来自他的学生柏拉图和色诺芬的著作。

　　苏格拉底出生于古希腊雅典一个普通家庭，父亲是雕刻匠，母亲是助产婆。据说他容貌丑陋，生活穷困，吃穿都不讲究，整天跑去市集、运动场等公共场合找人探讨诸如什么是美德、什么是勇气之类的话题。在这副古典哲人的典型形象之外，苏格拉底还是一位合格的雅典公民。据说他曾三次参军，在战争中表现得顽强勇敢。

> **苏格拉底之死**
> 苏格拉底到处质疑名望之士的做法让他树敌众多。公元前399年，他在雅典受到指控，主要罪名是蔑视传统宗教、引进新神、腐化青年和反对民主。最终陪审团投票判处他死刑。他拒绝了朋友和学生要他乞求赦免和外出逃亡的建议，饮下毒药而死，终年70岁。

苏格拉底

> 假如你的儿子生病了,又不肯吃药,作为父亲,你欺骗他说,这不是药,而是一种很好吃的东西,这也不道德吗?

> 这种欺骗是符合道德的

苏格拉底的对话术

《柏拉图对话录》中收录了苏格拉底跟人探讨问题时最常用的两种对话方法:"助产术"和"苏格拉底讽刺"。

"助产术"是为好学的年轻人准备的。苏格拉底从具体事例出发,逐步引导对方弄懂他本来不知道的一般概念。据说苏格拉底是受到母亲的职业助产婆的启发,发明了这套谈论方法。

"苏格拉底讽刺"是对待"自觉有知而实则无知者"的方法。苏格拉底佯装自己无知,从对方认定的概念出发,沿着对方的思路提出一系列问题,最终使其陷于自相矛盾的境地。

自知无知的智慧

苏格拉底的一位朋友去供奉阿波罗神的德尔斐神庙求问,得到一条神谕:没有人比苏格拉底更有智慧。苏格拉底对此感到困惑,因为他觉得自己很无知。于是他四处拜访那些公认有智慧的人,同他们谈论他们拥有的知识,但这些谈话最终往往表明他们并不真正拥有他们声称拥有的知识。苏格拉底由此领悟到,神之所以认为我有智慧,是因为我至少知道自己无知,其他很多人都没有这种自知之明。

哲学家柏拉图

少年柏拉图

青年柏拉图

公元前 427 年柏拉图出生在希腊雅典。他的母亲是大贤梭伦的后裔，父系可以追溯到古雅典王室。他从小受到良好的教育，其中包括体育和军事训练。他的青少年时期正值伯罗奔尼撒战争期间。他本名阿里斯托克勒，因身材敦实，前额宽广，获得柏拉图的绰号，意为"宽肩膀"。

和当时许多富有的雅典青年一样，柏拉图从小就对政治和哲学感兴趣。他原本立志从政，但苏格拉底被投票判处死刑这件事改变了他的想法。

苏格拉底

苏格拉底的天鹅

传说在柏拉图成为苏格拉底学生的头天晚上，苏格拉底梦见一只天鹅落在膝头，很快就羽翼丰满，唱着动听的歌儿飞走了。

柏拉图

阿卡德米学园

苏格拉底死后，柏拉图离开了雅典，四处游历。他先到了埃及，后来又去了南意大利，在那里研究毕达哥拉斯学派的理论。大约公元前387年，柏拉图回到了雅典。雅典西北郊有一座以英雄阿卡德米命名的圣城，柏拉图家族在附近有一座别墅。正当盛年的柏拉图决定在此开设学园，亲任学长，招生讲学。

学园致力于促进哲学的发展，但为了进入哲学，还需要学习许多预备课程，其中包括了希腊数学的诸种学科：几何学、天文学、音乐学、算术等。据说学园门口立了一块牌子，上书"不懂数学者不得入内"，这反映了柏拉图受到毕达哥拉斯学派很深的影响。

学园培养了许多优秀的人物，数学研究得到了极大的发展，他的学生中出了不少大数学家，最有成就的是欧多克斯。学园作为希腊文化的保存者延续了900余年，直到公元529年才被东罗马帝国皇帝查士丁尼勒令关闭。阿卡德米（Akademia）一词后来成了学院、研究院、学会（academy）的代名词。

柏拉图

数学家和天文学家欧多克斯

欧多克斯是古希腊著名的数学家和天文学家。他大约在公元前400年生于希腊小亚细亚西南海岸的城市尼多斯（今土耳其西南角），早年曾师从毕达哥拉斯的追随者学习数学，还曾在西西里岛学习医学。20多岁时，他第一次来到雅典参加学园举办的哲学讲座，因为太穷，只能在比雷埃夫斯港落脚，每天走16千米去雅典。

此后，他前往埃及学习天文学，然后在小亚细亚西北部创办了自己的学校。公元前368年左右，欧多克斯带着自己的一些追随者再次来到雅典，柏拉图专门设宴招待了他。他在数学上的成就远远高于柏拉图。

> 我自西向东自转和公转，是最接近地球自转周期的。

火星

> 我自西向东自转和公转，自转周期为23小时56分4秒。

地球

> 我自东向西公转，但自转方向与其他行星相反。

金星

> 我自西向东自转和公转，是太阳系中公转最快的行星。

水星

比例论

欧多克斯在数学上的主要贡献是建立了比例论。越来越多无理数的发现迫使古希腊数学家不得不去研究这些特殊的量，欧多克斯引入了"变量"的概念，把数与量区分开来。（整）数是不连续的，量则不一定，无理数都可由量代表，这个区分为数学研究不可公度比提供了逻辑依据，负面影响是使数学家们不再关心线的长度，不再关心算术，把精力全部投入到几何学。

> 我自西向东自转和公转，是太阳系中自转最快的行星！

木星

> 我自西向东自转和公转，不同纬度自转的速度却不一样。

土星

> 我逆时针自传，自转轴斜向一边，非常独特呦！

天王星

> 我自西向东自转和公转，但不能依靠观测表面标志的移动来定出自转周期。

海王星

拯救现象

欧多克斯更重要的贡献在天文学方面。

与毕达哥拉斯一样，柏拉图深信天体是神圣和高贵的，其运动应该是完美的匀速圆周运动。但天文观测告诉我们，有些星星恒定地做周日运转，有些星星却不是这样，它们有时向东，有时向西，时而快，时而慢，人们把这些星星称作行星。柏拉图相信，即使是行星也一定遵循某种规律，和恒星一样沿着完美路径运行。天文学应研究行星的运动究竟是由哪些匀速圆周运动叠加而成。这就是所谓"拯救现象"，即找出不够"体面"的无规则现象背后隐藏的完美高贵的规则。

欧多克斯提供的方案是同心球叠加。即每个天体都由一个天球带动，沿球的赤道运动，这个天球的轴两端固定在第二个球的某个轴上，第二个球又固定在第三个球上，以此类推，组合出复杂的运动。通过适当选取天球的旋转轴、旋转速度和半径，可以用 3 个球复制出日月的运动，行星运动要用 4 个球。五大行星加上日月和恒星天，需要 27 个球。

欧多克斯的方案基于毕达哥拉斯学派的宇宙图景，用天球的组合来模拟天象，是古希腊数理天文学的基本模式。后人对欧多克斯的体系有诸多改进，但这个基本模式被完全继承了下来。

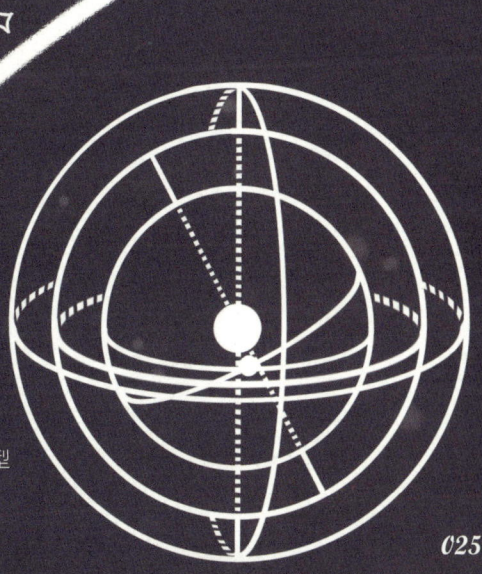

欧多克斯

欧多克斯的同心球模型

百科全书式学者亚里士多德

公元前384年，亚里士多德生于希腊北部的斯塔吉拉，父亲是马其顿王的御医。大约17岁时，他来到雅典，成为柏拉图的学生，在学园待了约20年。据说柏拉图很器重他，但他没有继承老师的衣钵，而是创立了和老师迥然不同的哲学体系。对此，他留下一句名言："吾爱吾师，吾更爱真理。"

柏拉图去世后，亚里士多德离开雅典，四处游历。公元前343年，他受邀担任马其顿王国太子的私人教师，他这名学生就是后来的亚历山大大帝。

逍遥学派

大约公元前335年，亚里士多德回到雅典，开设了自己的学校吕克昂，因其位于供奉阿波罗的吕克昂神庙附近而得名。这里除了神庙，还有许多林荫路。据说亚里士多德和他的学生们常常边散步边讨论学术，因此得名逍遥学派。

柏拉图推崇超越的理念，蔑视经验世界，重视抽象的数学。亚里士多德则恰恰相反，他重视经验考察，认为事物的本质寓于事物本身之中，因此他带领学生深入各个知识领域。他定义和区分了各种知识分支，比如形而上学、物理学、生物学、政治学、伦理学、修辞学、诗学和逻辑学，奠定了当今大多数学科的基础。

亚里士多德：吾爱吾师，吾更爱真理。

柏拉图

百科全书式学者

流传下来的亚里士多德著作表明，他几乎研究了当时所有可能的主题。请看看这份书目：

第一哲学著作《形而上学》，物理学著作《物理学》《论生灭》《论天》《气象学》《天象论·宇宙论》，生物学著作《动物志》《动物的历史》《论灵魂》，逻辑学著作《范畴篇》《前分析篇》，伦理学著作《尼各马可伦理学》《大伦理学》《欧德谟斯伦理学》，以及《政治学》《诗学》《修辞学》……

生物学

亚里士多德重视经验考察，这使他的生物学研究取得了卓越的成就。他完全是以一个近代生物学家的姿态去观察、实验、总结生物界的现象和规律。

据说他很注重搜集第一手材料。传闻中，他那个身为帝王的学生在四处征战的间隙，还不忘让博物学家收集标本给老师做研究。

他会亲自解剖动物，观察它们的形态和习性。《动物志》中对各种动物的详尽描述就是他长期观察的结果。他还对人类的遗传现象做过细致的观察，比如，他注意到一个白人女子嫁给一个黑人男性，子女的肤色全是白的，但到孙子那一代，肤色就有黑有白。

亚里士多德之死

公元前323年，亚历山大大帝去世，雅典激荡着反马其顿的情绪。亚里士多德被指控不虔诚。为了避免让雅典人"两次违背哲学"（像对待苏格拉底那样对待他），他回到了他母亲的母邦卡尔西斯，次年在那里病逝。

天文学

亚里士多德认为，天体与地上的物体本质上截然不同。天体由纯洁的元素"以太"组成，是不朽和永恒的，其运动是完美的匀速圆周运动。

他延续了欧多克斯通过天球的组合来解释天体运动的思路。有所不同的是，他对天体的运动给出了物理学解释。为了与天文观测相符，欧多克斯的学生已经将天球的数量增加到了 34 个，亚里士多德又新添了 22 个，目的是使天球体系形成一个有物理联系的整体，最外层天球作为第一推动者对整个系统形成物理支配。

亚里士多德的宇宙

物理学

在亚里士多德看来，物理学研究的是地上的物体，这些物体由土、水、气、火四种元素组成，其运动是直线运动。

所有物体都有回到其天然处所的趋势，这就是所谓天然运动。比如，重性的土和水天然向下运动，轻性的气和火天然向上运动。重性越多的事物，下落越快。

此外还有受迫运动，这种运动是推动者加于被推动者的，推动一旦停止，运动就会立刻停止，比如马拉车。

他还认为自然界的事物有等级之分。轻的东西比重的东西高贵，天比地高贵，推动者比被推动者高贵，灵魂比身体高贵。这一点是亚里士多德物理学的特色。

亚里士多德的元素与性质的对立面的正方形示意图

四因说

亚里士多德认为哲学的目的在于找出事物的本性和原因，因而发展出一套穷究事物之理的"物理学"。他认为，事物变化的原因有四种，一是质料因，二是形式因，三是动力因，四是目的因。比如，一座铜制的人物雕像，铜是它的质料因，原型是它的形式因，雕刻家是它的动力因，美学价值是它的目的因。其中目的因是最重要的。

自然界的事物都可以用目的因来解释：重物下落是因为要回到它的天然处所；植物向上生长是因为可以更接近太阳，吸收阳光；动物觅食是因为饥饿；人放声大笑是因为喜悦；等等。这种解释具有很浓的拟人色彩，用于理解物理世界显得十分可笑，但对于生物学并非全无意义。

铜质人物雕像

古希腊建筑

建筑不仅是技术的标志，也是时代精神风貌的象征。古希腊建筑以高大的柱子，对称、和谐的结构，以及复杂的细节而闻名。时至今日，我们仍然能在世界各地的政府大楼、博物馆和纪念碑中看到这种风格的遗留。

帕提侬神庙

雅典娜女神像

帕提侬神庙

古典时代最重要的建筑都出在雅典。位于雅典卫城的帕提侬神庙是其中的典范。这座神庙供奉的是雅典娜女神，其前身始建于公元前480年，后因希波战争受损，再建于公元前447年。它的基座长68米，宽30米，支撑屋顶的是56根高十多米的柱子。

多立克柱式　　　　　　　　　　爱奥尼亚柱式　　　　　　　　　　科林斯柱式

列柱

高大华丽的列柱是古希腊建筑最鲜明的特征之一。古希腊人喜爱柱廊，经过长期发展形成了多立克柱式、爱奥尼亚柱式和科林斯柱式三种风格。

雅典时期，多立克式和爱奥尼亚柱式最为流行。多立克式庄严朴实，石柱样式最为简单，底部没有装饰的基座，柱身上细下粗，刻有凹槽。爱奥尼亚式明快活泼，其石柱下有基座，上有盖盘，柱身细长，凹槽密集。帕提侬神庙是典型的多立克风格建筑。科林斯式出现在古希腊后期，是三者中最具装饰性的，顶部通常有植物叶片和卷轴装饰，被罗马人大量模仿。

希腊的建筑风格别具一格，对日后整个西方建筑的发展有着重要的影响。

埃皮达鲁斯古剧场

除了神庙，古希腊人还建了不少剧场。其中最著名的是建于公元前 330 年左右的埃皮达鲁斯古剧场。看台依山势而建，一排排大理石座位次第升高，可以容纳上万人，通过巧妙的声学设计，让后排的人也能听清演员的声音。

◆ 第三章 ◆ 希腊化时期

希腊化时期的科学

伯罗奔尼撒战争令希腊社会元气大伤,希腊北部的马其顿王国趁机发展壮大,最终成为希腊世界的新霸主,确立了对希腊各邦的统治地位。

公元前336年,20岁的马其顿王子亚历山大即位,不久后就发动了对东方的侵略战争。这位年轻的国王野心勃勃,凭借卓越的军事天分,带领军队陆续攻占波斯、叙利亚、腓尼基和埃及,甚至一度踏足印度河流域,经过十余年的征战,建立了一个横跨欧亚非的庞大帝国。

亚历山大东征期间及之后，古希腊人在非洲和亚洲建立了殖民国家和城市，使希腊文化传播到了更广大的地区，和当地文化相融合，这个过程被称为"希腊化"，通常以亚历山大大帝去世和托勒密王朝覆灭作为起止点，时间长达300多年。在哲学、宗教、科学、艺术、建筑等领域，希腊文化对地中海世界、西亚和中亚的大部分地区，甚至南亚次大陆的部分地区，都产生了深刻的影响。

亚历山大大帝是希腊学者亚里士多德的学生，他既重视学术事业的发展，也重视科学技术在战争中的作用。希腊化时期的科学主要就是亚历山大里亚的科学。在这里，产生了古代世界最杰出的科学家和科学成就。

亚历山大里亚：
亚历山大建立的城市

托勒密

在远征东方的过程中，亚历山大在一些战略要地建立新城，据说共建了40多座，这些城市均被命名为亚历山大里亚，意思是"亚历山大建立的城市"。其中最著名的一座城市位于尼罗河出海口，后来成了希腊化文化最耀眼的明珠。

托勒密王朝的首都

亚历山大大帝于公元前323年骤然病逝，生前没有为帝国指定继承人。他手下的将领们为此发动了一连串战争。最终，三名胜利者瓜分了他留下的版图：安提柯得到马其顿，塞琉古得到叙利亚，托勒密得到埃及。

托勒密是古希腊人，也曾跟随亚里士多德学习。他将埃及首都设在亚历山大里亚，以政府力量扶助学术事业，为这座城市成为地中海地区的文化中心奠定了基础。

缪塞昂学院

托勒密王朝对科学发展的最大贡献是建立了当时世界上最大的国立学术机构"缪塞昂"（Museum）学院。这是一所综合性的教育和研究机构，以传播和发展学术为目的。

"缪塞昂"原意是供奉智慧女神缪斯的神庙，柏拉图的阿卡德米学园和亚里士多德的吕克昂学园里都有缪塞昂。这个词后来演化成了英语中的"博物馆"。亚历山大里亚的缪塞昂里不仅有收藏文物、标本的博物馆，还有动物园、植物园、天文台、实验室和图书馆。

缪塞昂的图书馆就是文化史上著名的亚历山大图书馆。它是当时世界上馆藏最丰富的图书馆,藏书达 70 万卷之多。

埃及盛产一种可用来造纸的莎草。古代没有印刷术,所谓藏书就是抄书。托勒密王朝出重金让缪塞昂学院雇用了一大批抄写员。据说,当时政府命令,所有到达亚历山大港的船只都需要把携带的书交出供检验,一旦发现图书馆里没有的书,则马上抄录,留下原件,将复制件还给原主。

亚历山大港口的灯塔
被誉为古代世界七大奇观之一。

学者们从各地汇聚到这座城市进修、学习。那个时代最著名的科学家几乎都在亚历山大里亚待过。缪塞昂学院持续了 600 年之久,但只有最初的 200 年是科学史上的重要时期。随着托勒密家族日益埃及化,他们对希腊学术的兴趣越来越淡。后来,埃及被罗马人征服,希腊的科学遗产就逐步丧失殆尽。

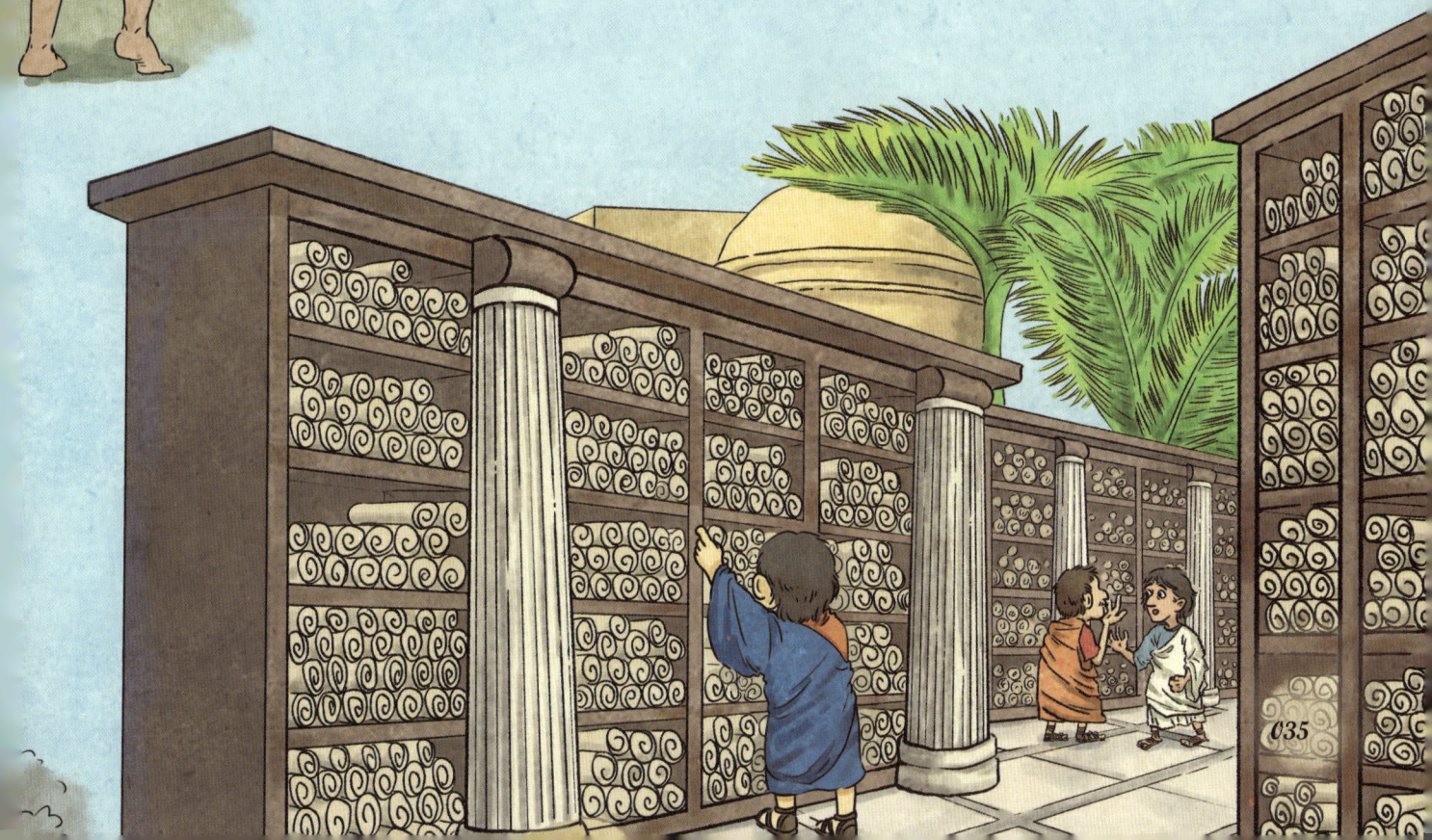

欧几里得与《几何原本》

欧几里得是古希腊著名数学家，因著有《几何原本》而闻名于世。后世却对他的生平知之甚少。

据记载，他曾在雅典的柏拉图学园接受教育，大约在公元前300年应托勒密王的邀请来到亚历山大里亚的缪塞昂学院研究讲学。他的《几何原本》是数学史上最有影响力的著作之一，集古典数学之大成，对后来数学的发展起到了不可估量的作用。直到20世纪初仍是西方学生学习数学特别是几何的主要教材。

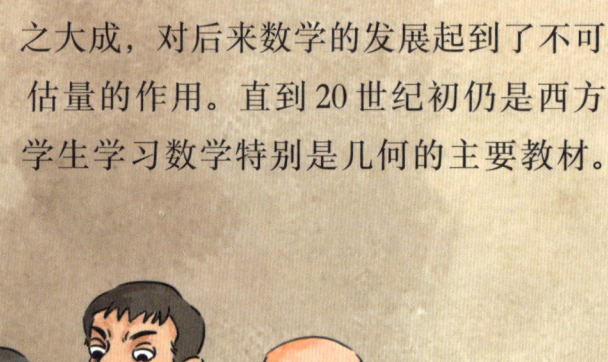

两则小故事

关于欧几里得，有两则小故事。

托勒密王请欧几里得为他讲授几何学，讲了半天，他也没听懂。他问欧几里得有没有更便利的学习方法，后者回答："在几何学中，没有专为国王设置的捷径。"

有一个青年向欧几里得学习几何学，刚学了一个命题，就问欧几里得学了几何学有什么用处。欧几里得很生气，对仆人说："给这个学生三个钱币，让他走。他居然想从几何学中捞到实利。"

泰勒斯　阿那克西曼德　阿那克西米尼　阿那克萨哥拉　毕达哥拉斯　巴门尼德　芝诺　欧多克斯

希腊数学的集大成者

一般认为，《几何原本》中几乎所有的定理在希腊古典时代都被证明了，欧几里得的主要贡献是将它们汇集成一个完美的体系，并对某些定理给出更简洁的证明。

自然哲学家如泰勒斯、阿那克西曼德、阿那克西米尼、阿那克萨哥拉，南意大利学派的毕达哥拉斯及其弟子阿尔基塔，爱利亚学派的巴门尼德、芝诺，智者学派，柏拉图学派的弟子如欧多克斯，以及亚里士多德学派的弟子等，都对《几何原本》做出过贡献。

《几何原本》集希腊古典数学之大成，构造了数学史上第一个宏伟的演绎体系。全书共十三篇，第一篇讲直边形，第二篇讲用几何方法解代数问题，第三第四篇讲圆，第五篇是比例论，第六篇用比例论讨论相似形，第七至第十篇讨论数论，第十一至第十三篇讲立体几何，几乎包括了现在初等几何课程中的全部内容。

利玛窦　徐光启

几何名称的由来

《几何原本》被翻译成了多国语言。我国明代学者徐光启于公元1607年与传教士利玛窦合作，将前六篇译为中文。"几何"一词就是徐光启首创的。

037

几何学家阿波罗尼

阿波罗尼与欧几里得、阿基米德并称古希腊三大数学家。

阿波罗尼大约公元前262年生于小亚细亚西北部的帕加,比欧几里得晚了近一个世纪。据说他青年时代来到亚历山大里亚跟随欧几里得的学生学习数学,此后就留在了这座城市。他的主要工作是研究圆锥曲线。他的研究达到了极高的水平,直到17世纪的笛卡儿和帕斯卡才有新的突破。

《圆锥曲线论》

阿波罗尼著有《圆锥曲线论》一书。他在书中提出,用平面截割圆锥体,角度不同就会得到不同的曲线。今天的数学家多采用解析几何的方法处理圆锥曲线问题。要是采用纯几何方法,今人也没法比阿波罗尼做得更好。

圆锥曲线最早是柏拉图学派发现的,但他们还未发现双曲线有两支。阿波罗尼对圆锥曲线的研究表现出高超的几何思维能力,是古希腊数学的登峰造极之作。

双曲线　　抛物线　　椭圆

日心说的先驱阿里斯塔克

众所周知，16世纪的波兰天文学家哥白尼发现了地球绕太阳转动。其实，早在公元前3世纪，古希腊天文学家阿里斯塔克就提出了同样的观点。

阿里斯塔克大约公元前310年生于毕达哥拉斯的故乡，古希腊爱奥尼亚地区的萨摩斯岛，青年时代到过雅典，据说曾在吕克昂学园学习过。后来他去了亚历山大里亚，在那里做天文观测，发表他的宇宙理论。

阿里斯塔克

地球与星辰一起绕太阳转动

阿里斯塔克认为，并非日月星辰绕地球转动，而是地球与星辰一起绕太阳转动。这种观点继承了毕达哥拉斯学派的中心火理论，只不过把太阳放在了"中心火"的位置。他还说，恒星的周日转动其实是地球绕轴自转的结果。这个思想确实天才，但也过于激进，当时的人们都不相信。

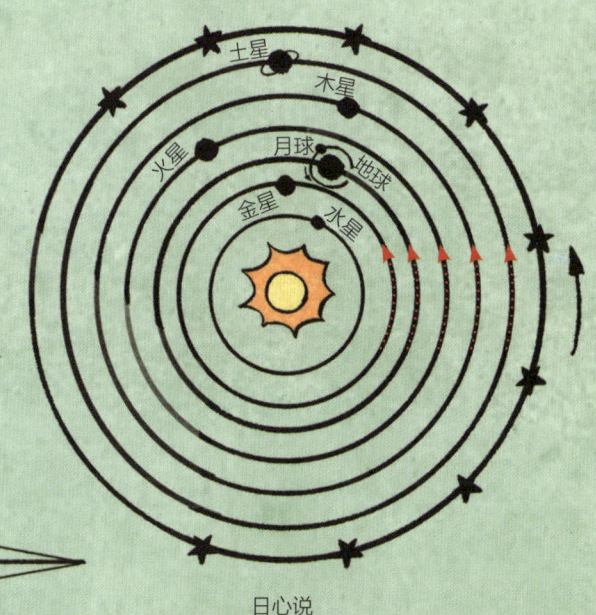

日心说

测算日月的大小和距离的原理图

日月的大小和距离

阿里斯塔克另一个重要的天文学成就是测量太阳、月亮与地球的距离以及它们的相对大小。

他已经知道月光是月亮对太阳光的反射，所以，当从地球上看，月亮正好半轮亮半轮暗时，太阳、月亮与地球形成了一个直角三角形，月亮处在直角顶点上。从地球上可以测出日地与月地之间的夹角。知道了夹角，就可以知道日地与月地之间的相对距离。阿里斯塔克测得的夹角是87°，因此，他估计日地距离是月地距离的20倍。实际上，这个夹角应该是89°52′，日地距离是月地距离的346倍。但阿里斯塔克的方法是完全正确的。

039

古代科学巨匠
阿基米德

　　阿基米德约于公元前287年生于南意大利西西里岛的叙拉古。他的父亲是一位天文学家。青年时代,阿基米德来到学术中心亚历山大里亚,在欧几里得的弟子柯农门下学习几何学。

　　在希腊化时期,古希腊人那种纯粹、理想、自由的演绎科学与东方人注重实利、应用的计算型科学进行了卓有成效的融合。作为希腊化科学的杰出代表,阿基米德不仅在数理科学上是一流的天才,在工程技术上也建树颇多。

阿基米德

面积和体积

阿基米德在数学上的主要贡献是求面积和体积。在他之前,希腊数学不重视算术计算。数学家不会费力计算面积或体积的具体数值,顶多算一下两个面积或体积的比例。以阿基米德为代表的亚历山大里亚的数学家改变了这一传统。从他开始,算数和代数开始成为一门独立的学科。

阿基米德齿轮

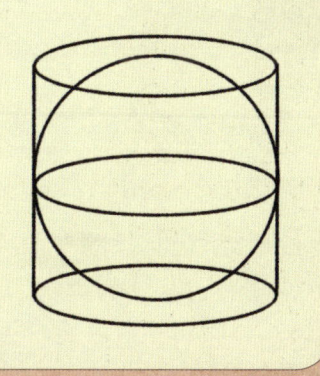

圆周率

直边形的面积和直边体的体积可以用算术直接算出,曲面的面积和由曲面运动构成的三维体的体积却不行。阿基米德用内接和外切的直边形不断接近曲边形,这是近代极限概念的先驱。

他关于球的表面积和体积的定理大多是用这个方法证明的。为了推算圆周率 π,他从正六边形的周长一直算到正九十六边形的周长,得出较精确的 π 值。除了球面积和球体积的计算,阿基米德还在抛物面和旋转抛物体的求积方面做了许多杰出的工作。

几何学家的碑文

据说阿基米德留下遗嘱,要求把他发现的一个著名定理刻在他的墓碑上:任一球的表面积是其外切圆柱表面积的三分之二,而任一球的体积也是其外切圆柱体积的三分之二。

平衡问题和浮力问题

阿基米德在物理学方面的工作主要有两项,一项是关于平衡问题的研究,另一项是关于浮力问题的研究。

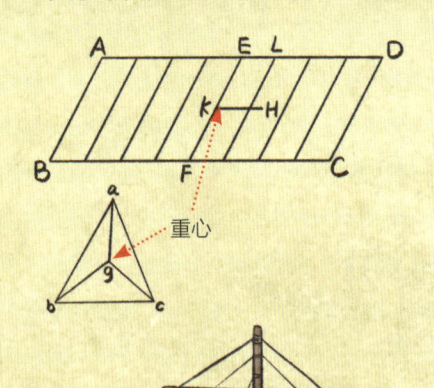

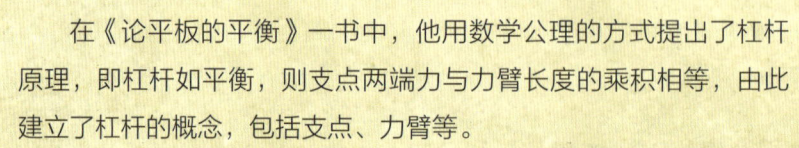

杠杆原理

在《论平板的平衡》一书中,他用数学公理的方式提出了杠杆原理,即杠杆如平衡,则支点两端力与力臂长度的乘积相等,由此建立了杠杆的概念,包括支点、力臂等。

对于一般的平面物,即平板,为了使杠杆原理适用,阿基米德还建立了重心的概念。

杠杆原理解释了为什么我们可以用一根棍子撬起一块巨石。对此,阿基米德有一句名言:"给我一个支点,我可以撬动地球。"

据说,国王希龙对此表示怀疑,阿基米德于是请他到港口看了一次演示。阿基米德在那里事先安装了一组滑轮,叫人把绳子的一端拴在港口一只满载的船上,自己则坐在一把椅子上,轻松地用一只手将大船拖到了岸边。国王为之折服。

浮力定律

国王希龙请金匠用纯金打造一顶王冠。王冠打好后,他怀疑不是纯金的,于是请阿基米德帮忙鉴定,要求不能破坏王冠。

阿基米德

希龙

曹冲

曹操

曹冲称象

我们大都听过"曹冲称象"的故事,少年曹冲也是运用了浮力原理称大象的体重:同样的船,当船A装载的货物重量等于船B装载的大象的体重时,两条船吃水的深度应相同。

阿基米德一直在思考这个问题。有一天,他洗澡时水放得太满,坐进浴盆后水溢了出来。看着溢出的水,他豁然开朗。他意识到,溢出的水的体积应该正好等于他自己的体积。如果把王冠浸在水中,根据水面上升的情况可以知道王冠的体积,然后将与王冠同等重量的金子浸在水里,就可以知道它的体积是否与王冠体积相同。如果王冠体积更大,则说明其中掺了假。

阿基米德想到这里,十分激动,从浴盆里跳起来就跑了出去,边跑边喊:"尤里卡,尤里卡。"(希腊语:发现了,发现了)为了纪念这一事件,现代世界最著名的发明博览会之一就以"尤里卡"命名。

阿基米德进一步总结出了浮力原理:浸在液体中的物体所受到的向上的浮力,其大小等于物体所排开的液体的重量。这是流体静力学的基本原理之一。

尤里卡!

阿基米德在机械工程方面有许多创造发明。

他发明了一种螺旋提水器，现在仍被称作阿基米德螺旋，直至今天，埃及还有人使用这种器械打水。

公元前3世纪末，叙拉古遭遇罗马人的攻击，在保卫家乡的战争中，阿基米德大显身手。

据说，他运用杠杆原理造出了一批投石机，有效地阻止了罗马人攻城。

他发明的大吊车将罗马军舰从水里提了起来，使之接近不了叙拉古城。

阿基米德螺旋提水器

罗马军舰

投石机

起重机

阿基米德大镜子

阿基米德之死

罗马军队的将领马塞拉斯非常欣赏阿基米德。在最后攻城前,马塞拉斯命令士兵一定要活捉阿基米德,不得伤害他。但命令尚未下达,城池已被攻陷。罗马士兵闯进阿基米德的居室时,他正在沙堆上专心研究一个几何问题,没有意识到危险正在迫近。士兵高声喝问,没有得到答复,便拔刀相向,阿基米德只来得及叫道"不要踩坏了我的圆!",便被罗马士兵一刀刺中。古希腊的科学精英就这样倒在了野蛮尚武的罗马士兵刀下。

还有一次,阿基米德召集全城妇孺和老人,让他们手持镜子排成扇面形,将阳光汇聚到罗马军舰上,使之被烧毁。

罗马士兵

阿基米德

045

埃拉托色尼测定地球大小

希腊人最早相信地球是球体。有了地球的概念，不少近地天文现象，如月食，可以得到更简单合理的解释。亚历山大里亚的天文学家埃拉托色尼在此基础上测定了地球的大小。

埃拉托色尼大约于公元前276年生于北非城市昔兰尼（今利比亚的沙哈特），青年时代在柏拉图学园学习过。他博学多闻，他的科学工作包括数学、天文学、地理学和科学史，是古代世界仅次于亚里士多德的百科全书式的学者，据说还写过一部希腊科学的编年史，可惜他的著作均已失传。托勒密王朝邀请他到亚历山大里亚出任亚历山大图书馆馆长，他在这里一直待到去世，享年80岁。

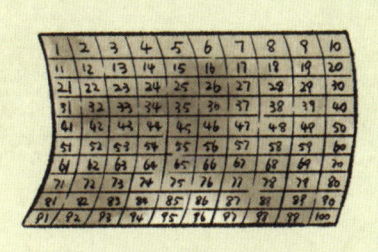

在数学上,他发明了确定质数的埃拉托色尼筛法。

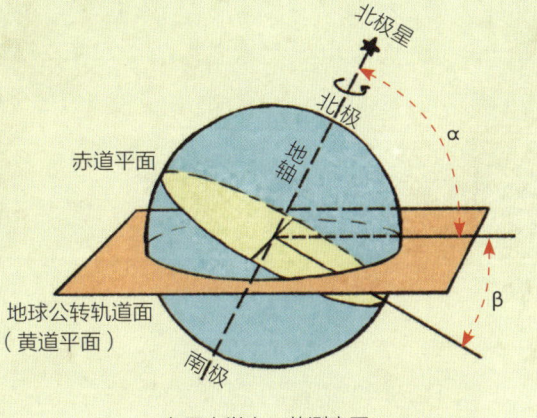

在天文学上,他测定了黄道与赤道的交角。

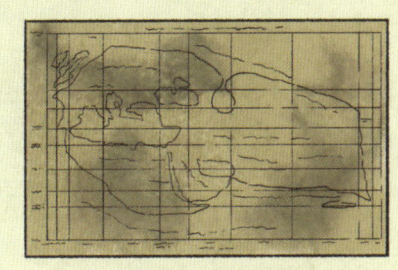

在地理学上,他绘制了当时世界上最完整的地图。

测定地球大小

埃拉托色尼最著名的成就是测定地球的大小,其方法完全是几何学的。同一时间,在地球上不同的地方,太阳光线与地平面的夹角也不一样。测出夹角的差和两地的距离,就可以算出地球的周长。在古代世界许多人还相信天圆地方的时候,埃拉托色尼已经能够如此准确地测算出地球的周长,真是了不起。

他听人说,在埃及的塞恩,即今日的阿斯旺,夏至这天中午的阳光可以直射入井底,表明这时的太阳正好垂直于塞恩的地面。

他测出了塞恩到亚历山大里亚的距离,又测出了夏至正午时亚历山大里亚垂直杆的杆长和影长,利用埃拉托色尼算出地球的周长。埃拉托色尼算出的数值是25万希腊里,约合4万千米,与地球实际周长相差无几。

天文学家希帕克斯

毕达哥拉斯开创的希腊天文学传统认为，行星附着在天球上运动，这提出了一个问题：如何标示行星在天球表面的位置变化？希腊化时期杰出的天文学家希帕克斯创立了球面三角这个数学工具，解决了这一问题。

希帕克斯大约于公元前190年生于小亚细亚西北部的尼西亚（今土耳其伊兹尼克）。他在亚历山大里亚受过教育，但学成后就离开了。这个时期托勒密王朝的统治者们已经不像他们的先祖那样重视科学事业。

从平面三角到球面三角

相似三角形对应边成比例，根据这一原理，以任一锐角为一角所组成的任意直角三角形，其对边与斜边之比、对边与邻边之比、邻边与斜边之比是一个常数。这些比值与边长无关，是角的函数，人们称之为正弦、正切、余弦。

希帕克斯运用三角函数推出了有关定理，还制定了一份比较精确的三角函数表，便于实际运算。球面三角的创立使古希腊天文学由定性的几何模型变成定量的数学描述，从而使宇宙模型能更有效地反映天文观测的结果。

本轮－均轮体系

传统的同心球宇宙模型不能解释行星亮度的变化。希帕克斯对其进行改造，创立了本轮－均轮体系。这套体系通常被称为托勒密体系，但就目前所知，最早的使用者是希帕克斯，发明者是阿波罗尼。

每个行星有一个大天球，它以地球为中心转动，这个天球叫均轮。但行星并不处在均轮上，而是处在另一个小天球上，这个小天球叫本轮，其中心位于均轮上。

行星既随本轮转动，又随均轮转动，这样可以模拟出比较复杂的行星运动。

星等和岁差

据说，希帕克斯在爱琴海南部的罗得岛建了一个观象台，制造了许多观测仪器，做了大量观测工作。

他编制了一幅星图，使用了相当完善的经纬度，记载了1 000多颗亮星，并提出星等的概念，将恒星按亮度分为6个等级。这是当时最先进的星图。

借助星图，他发现北天极其实并不固定，而是在做缓慢的圆周运动，周期是26 700年。由于北天极的移动，春分点也随之沿着黄道向西移动，太阳每年通过春分点的时间总比回到恒星天同一位置的时间早，也就是说，回归年总是短于恒星年。这就是"岁差"现象。

工程师克特西布斯

克特西布斯是亚历山大里亚早期比较有名的一位工程师，大概活跃于公元前285至公元前222年，父亲是一位理发师。他对技术发明有浓厚的兴趣，开创了亚历山大里亚的工程传统。

克特西布斯

阿基米德发明的起重机

科学和技术在亚历山大里亚结盟

在希腊古典时代，技术不登大雅之堂。哲学家们大都不屑于关注具体的事务，科学研究局限于理论构想，与现实世界相距甚远。

到了希腊化时期，风气有所改变。在马其顿的将军们开辟的亚历山大里亚，科学与技术开始结盟，孕育出不少卓越的技术成就。前文提到的阿基米德的发明就是一例。

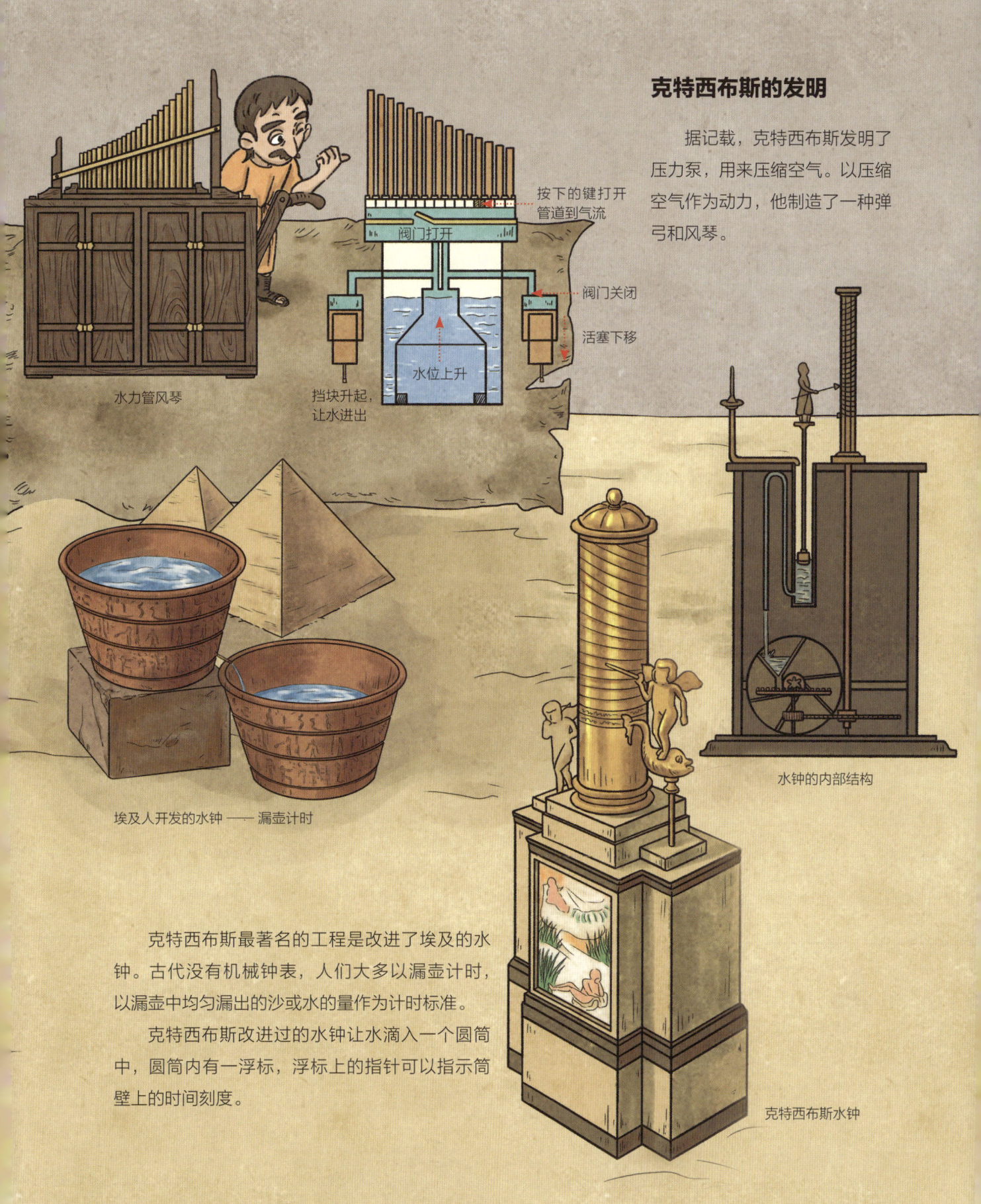

克特西布斯的发明

据记载,克特西布斯发明了压力泵,用来压缩空气。以压缩空气作为动力,他制造了一种弹弓和风琴。

按下的键打开管道到气流

阀门打开

阀门关闭

活塞下移

水位上升

挡块升起,让水进出

水力管风琴

埃及人开发的水钟——漏壶计时

水钟的内部结构

克特西布斯最著名的工程是改进了埃及的水钟。古代没有机械钟表,人们大多以漏壶计时,以漏壶中均匀漏出的沙或水的量作为计时标准。

克特西布斯改进过的水钟让水滴入一个圆筒中,圆筒内有一浮标,浮标上的指针可以指示筒壁上的时间刻度。

克特西布斯水钟

工程师和数学家希罗

希罗

希罗是亚历山大里亚的一位数学家和工程师，大概生活在1世纪。亚历山大里亚的工程传统在他手上达到了高峰。

在他的时代，埃及已成为罗马的一个省，但古希腊及希腊化的文明并未断绝。许多希腊裔或在希腊化文明区接受教育的科学家依然属于希腊文化而非罗马文化。

→ 蒸汽

球体因蒸汽的反冲力而旋转

→ 锅炉

蒸汽机

希罗的发明

希罗的开创性工作集中在工程技术方面。他著有《机械术》一书，书中记载了他的许多机械发明，包括杠杆、滑轮、轮子、斜面、尖劈等机械工具的组合使用。这些东西本质上都是杠杆原理的实际运用。

在《气体论》中，他指出空气也是一种物质，因为水不能进入充满了空气的容器。他还认识到空气是可以压缩的。

他发明了一种叫汽转球的蒸汽机，是一个带有两段弯管的空心球体，锅炉中的水被煮沸之后，蒸汽通过球体上的弯管向外喷，产生反冲力使球体转动。但这个装置只是个玩具，蒸汽动力并未真的用于生产活动。那个时代的科学重视理论而轻视实际应用。奴隶主驱使大量奴隶从事生产，人们缺乏动力去开发自然的力量。

圣水分发装置

蒸汽风琴

迷你剧场

自动神殿门

里程计

希罗的数学成就

　　希罗在数学领域的工作主要是从应用方面重新整理前人的研究。他留下的数学著作有《测量术》《几何学》，据说他还注释过《几何原本》。

　　被提及较多的希罗公式是一种仅用三角形边长来计算三角形面积的方法，《测量术》中有关于这个公式的证明。但有人认为这个公式其实是阿基米德发现的。

　　希罗还发明了一种用于反复计算平方根的方法，叫作巴比伦算法。

希腊天文学的集大成者托勒密

　　托勒密大概是现代人最熟悉的古代天文学家之一。他大约生于公元 90 年，曾在亚历山大里亚进行天文观测。他的名字与这座城市的统治者一样，但和他们并无血缘关系。人们推测他的名字可能来源于他的出生地，他可能生于上埃及的托勒密城。

　　托勒密系统总结了希腊天文学的优秀成果，写出了流传后世的《天文学大成》。这部 13 卷的著作被阿拉伯人推为"伟大之至"，阿语版书名就叫《至大论》。

托勒密

《天文学大成》

　　这本书给出了以地球为中心的宇宙体系的基本构造，并用一系列观测事实论证了这个模型：地球是球形的，处于宇宙中心；诸天体镶嵌在各自的天球上，绕地球转动；按照离地球的距离从小到大排列，天球依次是月亮天、水星天、金星天、太阳天、火星天、木星天、土星天和恒星天。

　　书中还讨论了描述这个体系所需的数学工具（如球面几何和球面三角），太阳的运动，以及与之相关的周年长度的计算，月球的运动，月地距离和日地距离的计算方法，日食和月食的计算方法，恒星和岁差现象，五大行星的运动及本轮－均轮组合在其中的运用。

　　托勒密体系具有极强的扩展能力，能较好地容纳望远镜发明之前不断更新的天文观测成就，因此一直被视为最好的天文学体系，统治了西方天文学界 1 000 多年。

地理学

托勒密还写过一本《地理学入门》。这本书记述了罗马军团征服世界各地的情况，并依照这些情况画出了新的世界地图。书中内容显示托勒密已经知道马来半岛和中国。

他也计算了地球的大小，但比埃拉托色尼的计算结果小了许多。对古代人而言，埃拉托色尼算出的地球尺寸太大，太令人吃惊了。从当时已知的情况看，若埃拉托色尼是对的，那地球表面大部分都是海洋，这听上去令人难以置信，他们宁可相信比较小的数值。

托勒密的这个错误凭借他在天文学上的权威流传了1000多年。有意思的是，哥伦布正因为相信这个比较小的数值，才有勇气从西班牙向西航行去寻找亚洲。要是他知道埃拉托色尼才是对的，也许就不会有这次伟大的航行。

希腊医学的集大成者盖伦

盖伦是继希波克拉底之后地中海地区最受推崇的医生。他的主要贡献是总结了希腊医学的成就，创立了自成体系的医学理论。他留下的著作涵盖了医学理论与实践的各个领域，奠定了西方医学的基础。在欧洲，直到16世纪，他都是医学上的绝对权威。

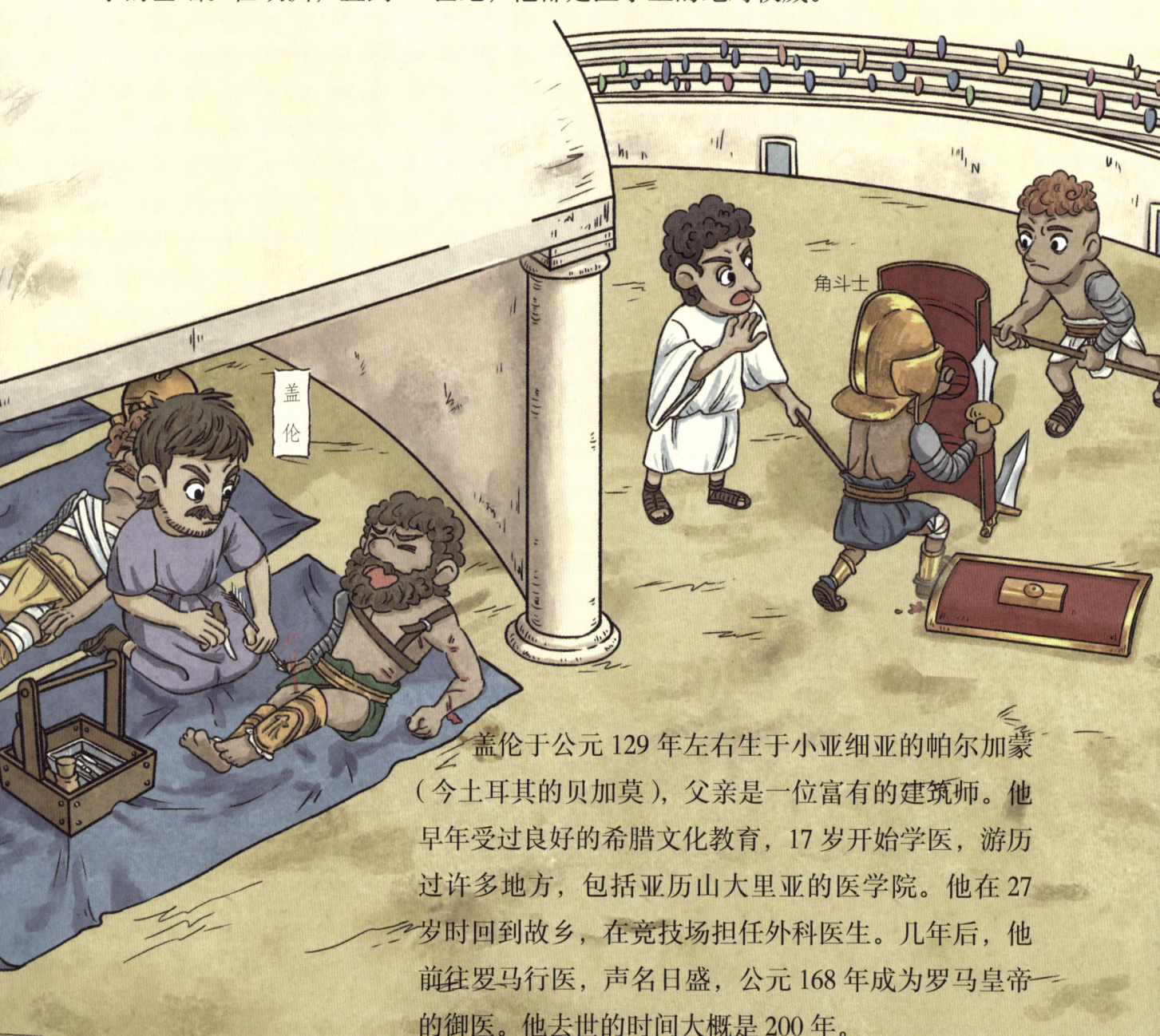

盖伦于公元129年左右生于小亚细亚的帕尔加豪（今土耳其的贝加莫），父亲是一位富有的建筑师。他早年受过良好的希腊文化教育，17岁开始学医，游历过许多地方，包括亚历山大里亚的医学院。他在27岁时回到故乡，在竞技场担任外科医生。几年后，他前往罗马行医，声名日盛，公元168年成为罗马皇帝的御医。他去世的时间大概是200年。

临床实践

盖伦的医学理论基于大量的解剖实践和临床经验。当时的社会禁止人体解剖，他就通过解剖各种动物来推测人体构造。

他在竞技场担任外科医生，经常需要救治受伤的角斗士。他的解剖学知识使他能快速准确地进行治疗，也由此在外伤治疗和康复方面积累了丰富经验。

盖伦

医学理论

盖伦的生理学把肝脏、心脏和大脑视作人体的主要器官。他认识到肝脏的功能是造血，动脉的功能是输送血液，但他相信这些血液会流到全身各个部位并被吸收，但有 小部分到了心脏。他的血液运行理论直到 16 世纪才被塞尔维特和哈维等人的研究推翻。

盖伦的病理学主要继承了传统的四体液说，即黏液、黄胆汁、黑胆汁、血液。治病主要靠调节体液的平衡，排除过剩和腐败的体液。

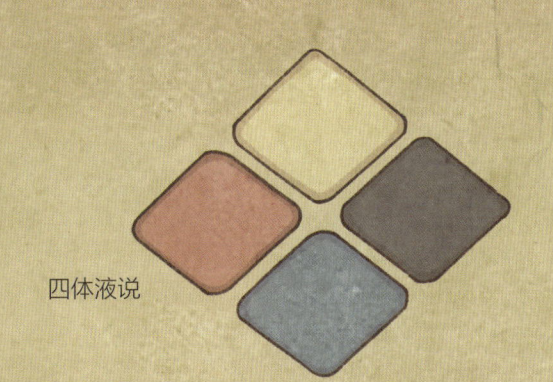

四体液说

大脑
心脏
肺
肝脏

代数学家刁番都

古希腊数学家几乎都在研究几何问题。直到希腊化时代晚期，才出现了一位伟大的代数学家，他就是刁番都。刁番都大概生活在3世纪中叶，在亚历山大里亚待过，终年84岁。至于他人生的其他方面，我们一无所知。

刁番都方程

刁番都著有6卷本的《算术》。书中收集了189个代数问题，大多是不定方程问题，主要是二次和三次方程，例如将一个平方数分为两个平方数之和。刁番都并未给出这类问题的一般性解法，但他是最早大量研究不定方程的人。今天人们将整系数的不定方程称作"刁番都方程"，从表示对他的纪念。

特别有意义的是，刁番都首先提出了三次以上高次幂的表示法，之前的希腊数学家根本不会考虑这种没有几何意义的问题。这意味着，从他开始，代数学作为一门独立的学科出现了。

年龄谜题

关于刁番都去世时的年龄，历史学家是根据一本希腊古书上谜语般的记载推算出来的。

刁番都的一生，童年时代占六分之一。
青少年时代占十二分之一。
再过一生的七分之一，他结婚了。
婚后五年有了孩子。
孩子只活了他父亲一半年纪就死了。
孩子死后四年，刁番都也死了。

第四章 ◆ 罗马帝国时期
务实的罗马人

西塞罗

提起古罗马，你第一时间会想到什么？恺撒、屋大维，元老院，埃及女王，斗兽场，可能还有雄辩的西塞罗和著名的罗马法。政治和军事是绝对的主题。

在市集里拉着人讨论美德的苏格拉底，沉迷于理念世界的柏拉图，相信宇宙为数学所统治的毕达哥拉斯，类似这样的角色在罗马人的故事里几乎看不到。罗马人注重实际，不喜玄想，对理性知识缺乏热情，这点与希腊人完全不同。这种偏重实际的民族性格导致了罗马科学的衰落。

不称职的继承人

罗马人经过 200 多年血雨腥风的征战，建立了横跨欧亚非的罗马帝国，继承了希腊古典时代和希腊化时代留下的丰富的科学遗产，却几乎没有做出新的贡献，甚至将遗产逐步丢弃。

尽管罗马在有关军事工程和城市建设等技术问题上有不少创造发明，但对纯粹科学贡献很少。

西塞罗的幽默

罗马共和国时代最杰出的学者西塞罗曾说过，希腊人在纯粹数学上遥遥领先，而我们只能做点计算和测量工作。

罗马人建设的城市

儒略历的诞生

现在国际通用的历法是来自西方的格里高利历，其前身是古罗马的儒略历。儒略即古罗马军事统帅盖乌斯·尤利乌斯·恺撒。我国老一辈天文学家将尤利乌斯（Julius）译作儒略。

在格里高利历被广泛采用之前，世界各地的人们使用过很多独特的历法和纪年方式。但绝大部分历法都可以归为三类：以地球绕太阳公转的周期为基础的阳历，以月亮绕地球运转的周期为基础的阴历，以及调和月相和四季变化周期的阴阳合历。我国传统的农历就是阴阳合历。

古埃及的太阳历

古埃及人主要使用太阳历。他们把1年分为12个月，每月30天，外加5天作为年终节日。他们已经知道一年的实际天数比这要多四分之一天，每4年下来会少算1天。不过，他们的1年只有三季，每季4个月，分别对应尼罗河的泛滥、退水和枯水。

从努马历到儒略历

在儒略历之前，罗马人使用的是一种叫"努马历"的粗糙的阴阳历，一年355天，分为12个月，隔一年就在2月之后加入一个20多天的工作月。这种历法有时会与太阳历相差几个月，以至春秋难分。

亚历山大里亚的希腊天文学家索西吉斯建议恺撒改用埃及的太阳历，并4年置闰一次。恺撒接受了建议，决定在整个罗马推行。这种新历法规定：每4年中头三年为平年，每年365天，第4年为闰年，366天。一年12个月，单数月份31天，为大月，双数月份30天，为小月。

恺撒的生日在7月，为了显示自己至高无上

的威严，他要求这个月必须是大月，天文学家于是将单月定为大月。6个大月6个小月使平年多出了一天，只能从某个月扣除一天。当时罗马的死刑都在2月执行，人们认为这个月不吉利，于是就从2月扣除一天。

恺撒去世后，他的外甥孙屋大维继位。屋大维的生日在8月，他也要摆谱，下令将8月改为大月，并将8月以后的双月都改为大月。这样一来，一年就有7个大月，又多出一天。"不吉利"的2月再被扣去一天，只剩28天。每逢闰年，2月加一天，变成29天。

儒略历是阳历，比较精确地符合地球节气的变化，对农业生产有利，因此受到人们的欢迎。

儒略历的诞生是罗马时代较为重要的科学史事件。

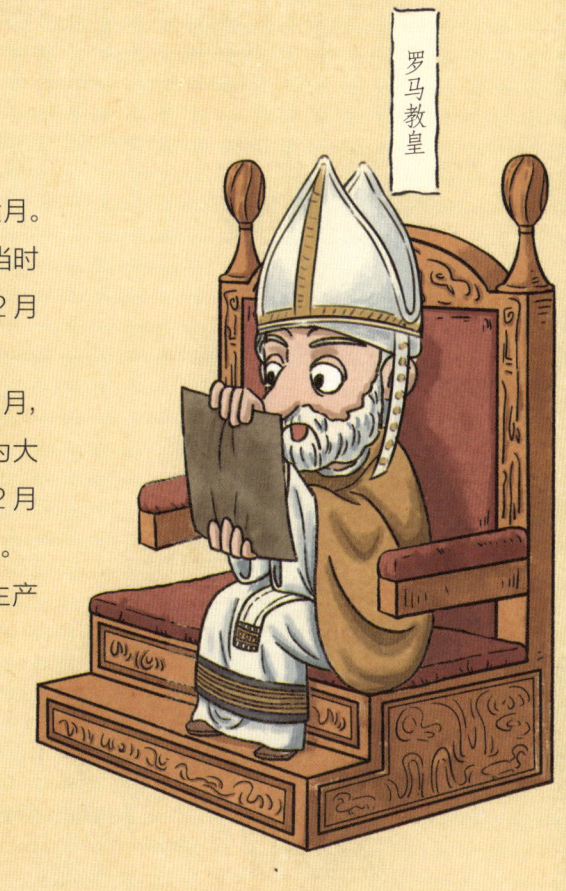

格里高利历

公元325年，罗马教皇规定儒略历为教历。儒略历以365天为一年，比实际回归年要长0.0078天。这个差别不是很大，但时间久了，就显出来了。

到了公元1582年，罗马教皇格里高利十三世宣布改革历法时，日期已经比实际情况多了10天。新颁布的历法被称为格里高利历，去掉了儒略历比实际多出来的10天，将公元1582年10月5日直接改成公元1582年10月15日，并规定逢百之年只有能被400整除的年份才算闰年。

我国从公元1912年开始采用格里高利历，但同时保留了自己的农历。

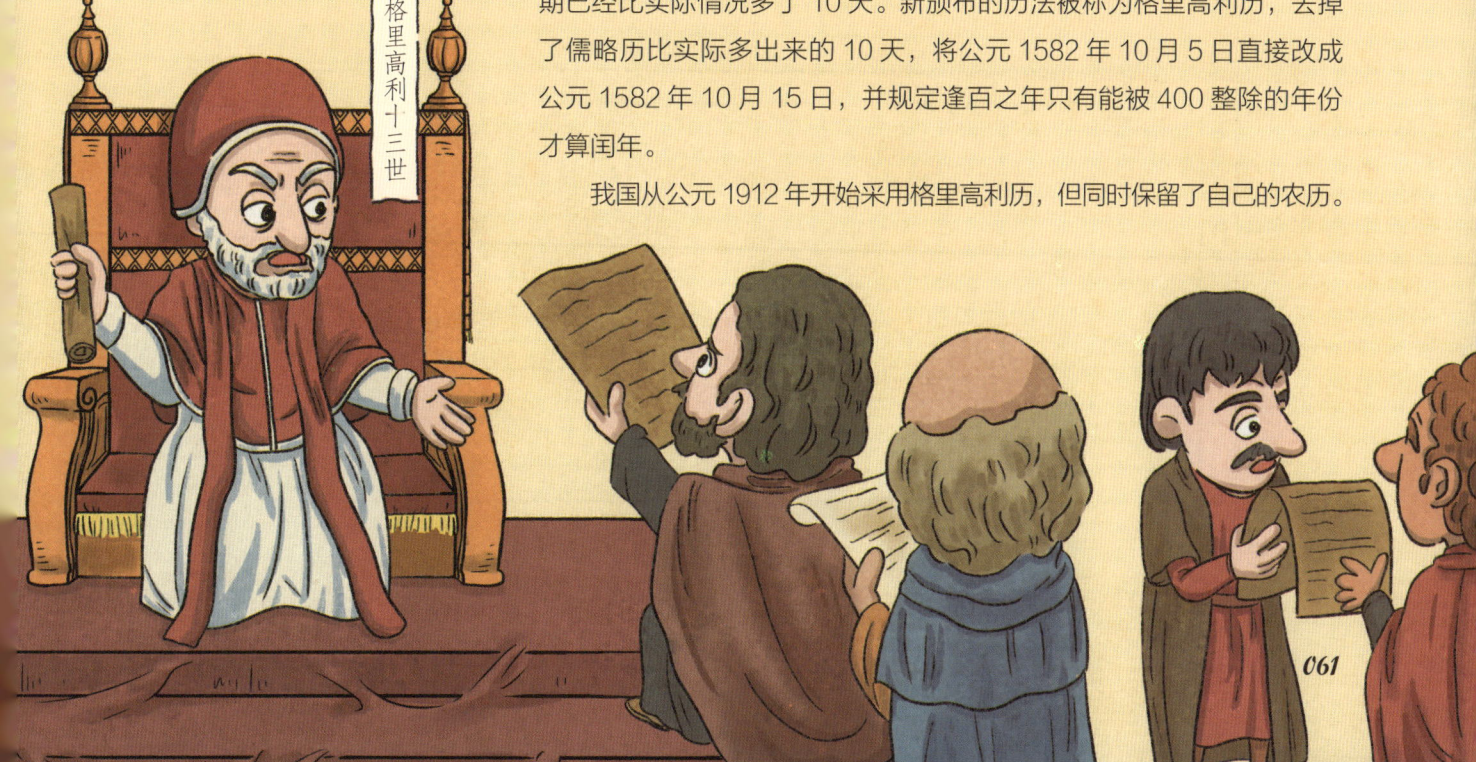

哲学诗人卢克莱修

卢克莱修是罗马共和国末期的诗人和哲学家,以哲理长诗《物性论》而闻名于近代,这是古代原子论唯一留存下来的文献。

卢克莱修和恺撒、西塞罗是同时代人,大约于公元前99年出生于罗马,公元前55年去世。《物性论》是在他死后才发表的,当时并未引起人们的关注,直到文艺复兴时期才被重新发掘出来。

留基伯

德谟克利特

古代原子论的三个发展阶段

第一阶段是希腊古典时期,留基伯和德谟克利特首创原子论思想,对世界做出唯物论和机械论的解释。

伊壁鸠鲁

第二阶段是希腊化时代,雅典的伊壁鸠鲁对原子论做了重要补充和发展,并将其运用到人生哲学中,提出了著名的享乐主义哲学。

第三阶段是罗马时期,深受伊壁鸠鲁影响的卢克莱修在《物性论》中用诗性的语言对原子论者的哲学立场进行了更为系统的阐述。

《物性论》

《物性论》提到事物不可能从无中创造出来或者回归无。宇宙中有无限的空间和无限数量的原子，原子仅在形状、大小和质量上有所不同，它们坚硬无比、永不改变，是物理分裂的极限。所有原子都会在空间中不断向下移动，间或发生微小的偏转，彼此碰撞，形成一个个原子系统。所有事物都是由运动的原子组成的系统，都是可分的，因此必然会消亡，除了诸神。所有变化都可以用原子的加减或重新排列来解释。

原子论思想在罗马时代的复活是不寻常的。当时宗教迷信盛行，社会精神萎靡不振，原子论断然否定神的存在，力排一切怀疑论和消极的情绪，充满昂扬向上的精神风貌。这在罗马时代是比较杰出的精神气质。

西方建筑学鼻祖维特鲁维

维特鲁维

维特鲁维是古罗马科学领域最杰出的代表人物之一。他是恺撒大帝的军事工程师，大约生活在公元前1世纪。他受过相当好的古希腊式教育。作为古罗马人，他热衷于将古希腊的知识运用到实际中去。

他最有名的著作是《建筑十书》，内容涉及建筑原理、建筑史、建筑材料、建筑结构、城市规划、民居设计、供水设计，以及一般的工程技术问题等。这部书广为流传，被称为建筑学的百科全书，维特鲁维因此被称为西方建筑学的鼻祖。

古罗马人的不足

维特鲁维也研究天文学和数学问题。但在这方面，他表现出作为一个古罗马人的不足之处。他的理论素养达不到古希腊前辈的水平。比如，他算出的圆周率为3.125，精确度远不如200年前的阿基米德。

《维特鲁维人》

维特鲁维在《建筑十书》中说，建筑的比例应该参照人体的比例，人体是最和谐完美的。约1500年后，文艺复兴时期的艺术巨匠达·芬奇绘出了完美比例的人体图，为之取名《维特鲁维人》。

塞尔苏斯与罗马医学的百科全书

塞尔苏斯大约生于公元前25年,是一位古罗马的贵族,自小受过良好的希腊文化教育。他收集了许多希腊文著作,将其翻译为拉丁文,并编写了一部涵盖农业、军事、法律、修辞、医学等多种主题的百科全书,但只有关于医学的8卷留传下来,故以罗马医学百科全书的编写者而闻名。

医书

塞尔苏斯的医学著作虽然源自希腊人,但确实自成体系地影响了西方医学的发展,特别是外科学和解剖学。他的著作中谈到了扁桃体摘除术、白内障和甲状腺手术、牙科手术及面部整形手术。文艺复兴时期,他的著作受到医学界的大力推崇,许多解剖学术语都是从里面来的。

博物学家普林尼

普林尼是罗马帝国时期著名的博物学家，他最重要的著作是37卷的巨著《自然志》。

普林尼公元23年生于意大利北部的新科莫，20多岁时参军，35岁退役，回到罗马从事法律工作。公元69年，他被任命为西班牙行政长官，后又被委任为罗马海军司令。

公元 79 年，意大利那不勒斯附近的维苏威火山大爆发，古城庞贝被火山灰掩埋。普林尼率领的罗马舰队当时正驻留在那里。为了记录火山喷发的实况，他独自上岸观察。由于待的时间太长，火山灰及有毒气体使他窒息身亡。

《自然志》

普林尼的《自然志》是对古代自然知识百科全书式的总结，内容涉及天文、地理、动物、植物、医学等科目，以古代世界近 500 位作者的 2 000 多部著作为基础，分 34 707 多个条目，涉及自然知识范围极为广博。

但是，普林尼在收录和记述前人的观点时不大注意批判，不论荒谬与否一概忠实反映。特别是有关动物和人类的条目，夹杂着许多神话鬼怪故事，像美人鱼、独角兽这类传说中的动物也被当作真实的存在，与其他生物并列。

《自然志》对第二手材料的忠实，为后人研究古代人的自然知识提供了珍贵的依据。

《自然志》出自一位对大自然充满好奇心的人之手，它诱使人们保持对大自然的新奇感。这种对自然的好奇和关注的态度，是自然科学得以发展的内在动力。

古罗马人的技术成就

古罗马人不擅长理论科学，但在实用技术和公共事业方面有着杰出的创造力，特别是在公共医疗、交通和建筑工程方面。

奴隶

医生

公共医疗

古罗马人比较注重医疗卫生事业，希腊医学是罗马人学习得最好的一门科学。罗马政府在每个行省都设有医疗中心。城市有医院，还有医学院，由政府给医学教师发薪水。

不过，到了罗马帝国后期，骄奢淫逸的古罗马人开始淡化医生职业的神圣性。医生通常不亲自动手，而是让奴隶们为病人做手术，自己在一旁监督。医学的发展因此停滞不前。

公共交通

罗马帝国版图广大，很重视交通运输和通信事业的发展。他们以首都罗马为中心，建立了通往各行省的公路网。罗马城内主要街道都用石子铺就，公路网上遇河架桥、逢山凿洞，表现出高超的工程技术水平。"条条大路通罗马"反映了罗马这一成就。

水道

罗马的水道工程尤其著名。到1世纪时，罗马城的居民可能达到了100万。为了给庞大的城市人口供水，政府从水源处兴建水道到市内。据说，罗马城附近的水道长近200千米，遇到低洼地形便架桥，还采用了虹吸技术。

经功柱

罗马竞技场

罗马凯旋门

万神庙

罗马公共建筑

古罗马的公共建筑往往规模宏大、结构坚固，常用的建筑材料包括大理石和罗马人自己发明的速凝混凝土。留存下来的古罗马公共建筑中最著名的是万神庙和罗马竞技场。

万神庙是罗马皇帝哈德良于公元120年至公元124年重建的。它的圆形屋顶直径达43.3米，前门由两排16根列柱支撑，带有古希腊神庙的建筑风格。

罗马竞技场始建于1世纪，3世纪和5世纪重修，长径188米左右，四周是逐层升高的看台，据说可容纳5万人观看奴隶角斗。

除了神庙和竞技场，古罗马的公共建筑还有凯旋门、纪功柱、公共浴场等。古罗马统治者以各种各样的建筑形式展示他们的赫赫战功和奢靡排场。

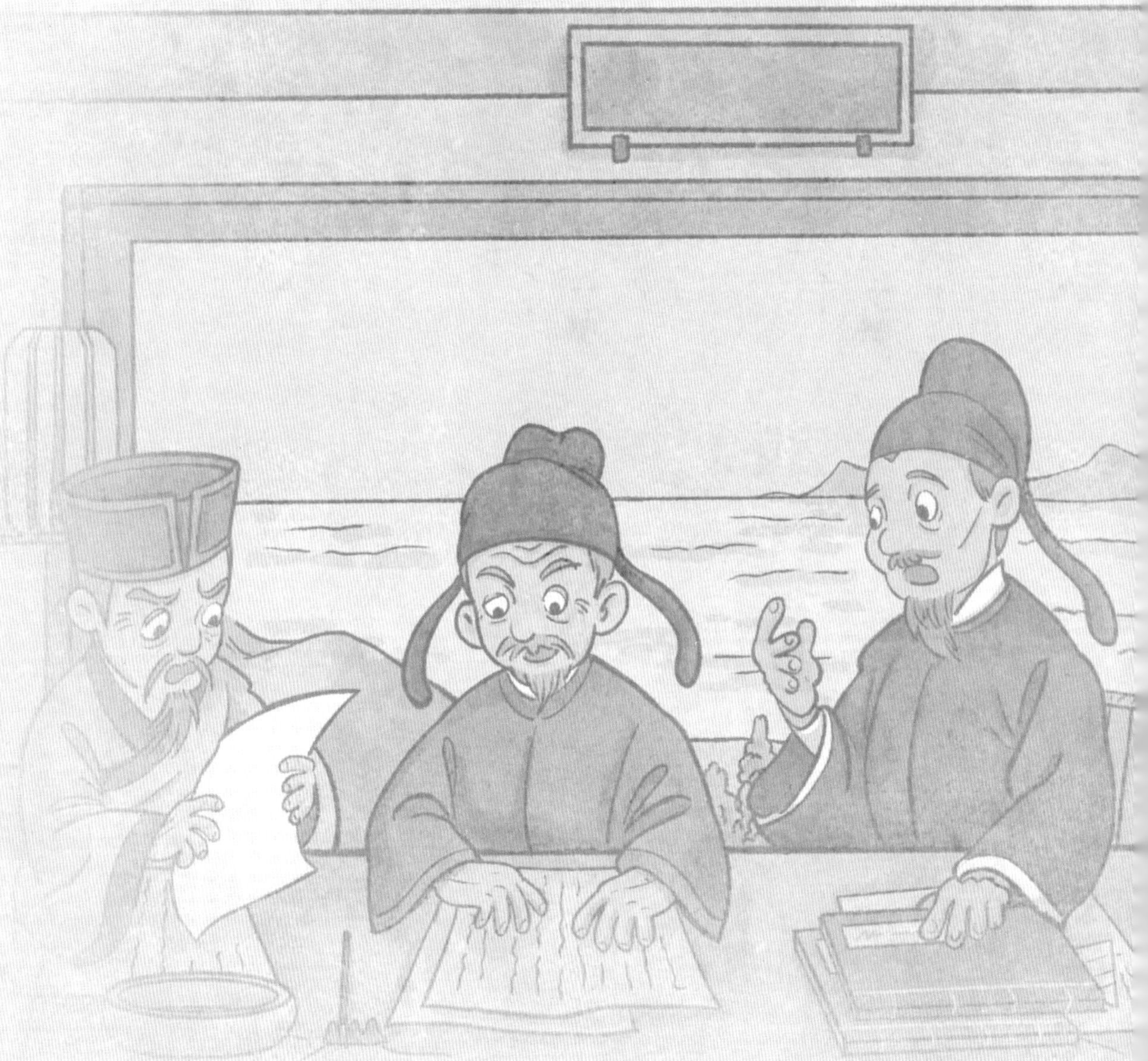

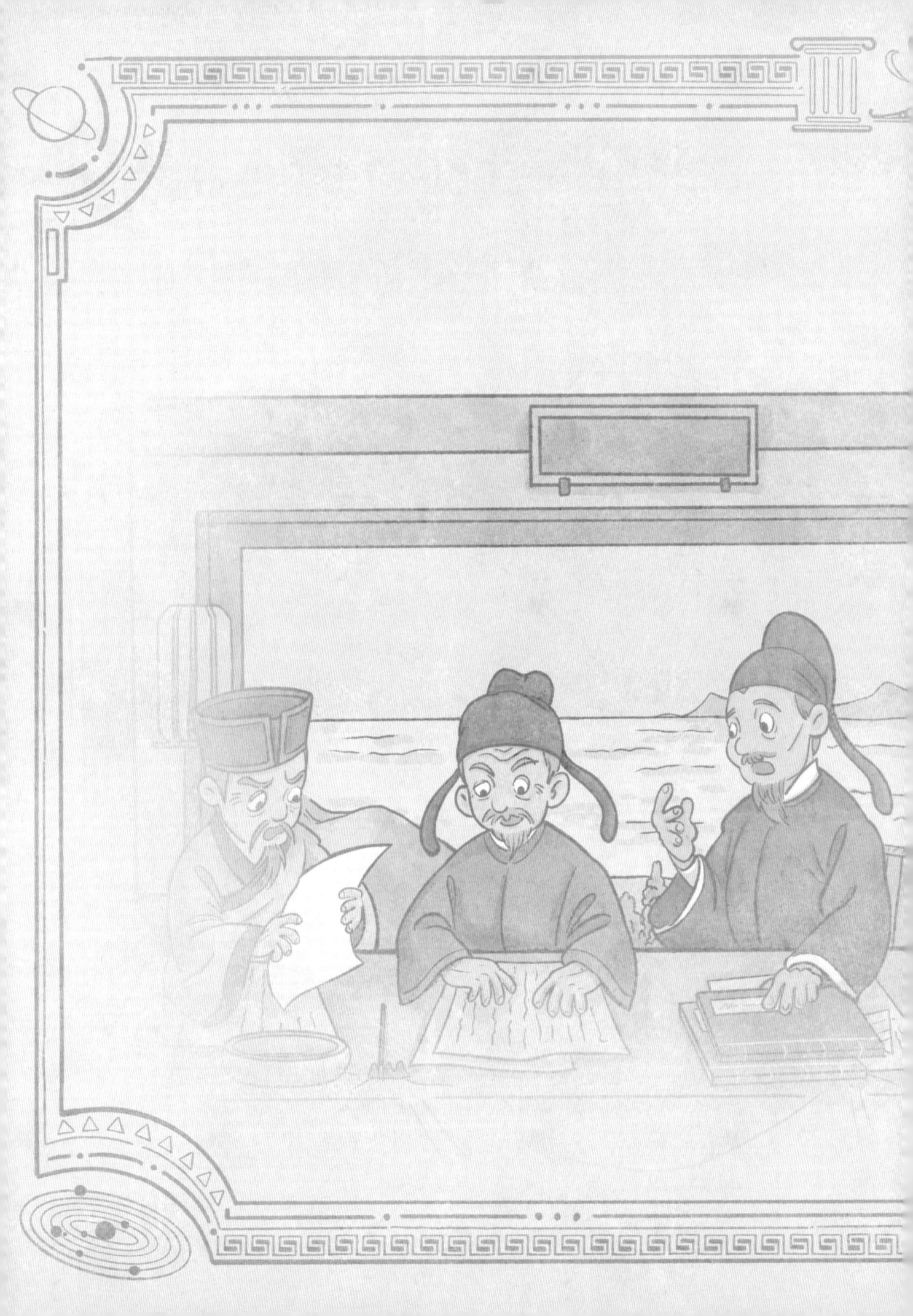

第二部分

西方不亮东方亮

◆ 第一章 ◆ 阿拉伯科学的兴盛
衰落与兴起

罗马帝国后期，古典文化的光辉一点一点消散。基督教兴起，西罗马帝国灭亡，柏拉图学园被关闭，亚历山大图书馆被烧毁，可以看作古典文化衰落的标志。此后500年，由于蛮族入侵，原西罗马帝国的大部分区域，也就是欧洲部分，陷入黑暗年代。经济文化大倒退，人们的精神陷于愚昧和迷信之中，希腊古典文化只在东罗马帝国的首都拜占庭苟延残喘。

与此同时，生活在阿拉伯半岛的阿拉伯人作为一支新生的政治力量登上了历史的舞台，只用了不到100年时间，就统一了阿拉伯半岛，基本征服了整个西亚，攻下了北非和西班牙。到8世纪中叶，一个版图辽阔的阿拉伯帝国已经形成，阿拉伯文化开始兴盛起来。

阿拔斯王朝与大翻译运动

为了躲避基督教的迫害，许多希腊学者来到波斯和拜占庭。阿拉伯人征服波斯后，继承了那里的希腊学术遗产。在帝国极盛时期，他们也从拜占庭获得了许多希腊书籍。

阿拔斯王朝的哈里发哈伦·拉希德（764—809年）奖励翻译希腊学术著作，开启了翻译希腊典籍的风气。在阿拉伯文学巨著《一千零一夜》中，他被推为理想君主。

哈伦·拉希德

阿尔·马蒙创办"智慧馆"

哈伦·拉希德的继任者阿尔·马蒙（786—833年）于公元830年在巴格达（今伊拉克首都）创办了"智慧馆"。这个机构与亚历山大里亚的缪塞昂相似，设有两座天文台、一个翻译馆和一个图书馆，招聘了一批专职翻译人员，既从希腊语、波斯语、叙利亚语翻译希腊科学著作，也从梵文翻译印度的数学和医学著作。

欧几里得的《几何原本》大约于公元800年被译成阿拉伯文。托勒密的《天文学大成》则于公元827年被译成阿拉伯文，得名《至大论》。

大翻译运动使阿拉伯人很快掌握了先进的科学知识，为进一步的科学创造打下了基础。巴格达成为当时的学术中心。

阿尔·马蒙

炼金术的兴起

在阿拉伯人所做的工作中，炼金术是非常重要的。在今人眼中，炼金术无疑不能称作科学，但炼金术认识和改造自然事物的实践孕育了近代化学。

炼金术士在亚历山大里亚

亚历山大里亚时期，炼金术达到第一次高潮。当时最著名的炼金术士是佐西默斯，此人大概于公元250年生于埃及。以他为代表的炼金术流派，带有浓厚的神秘主义色彩。

炼金术的来源

炼金术有两个来源，一是工匠，二是哲学家。世人对黄金等贵金属的渴望，驱使工匠们想方设法制造赝品。希腊古典哲学家则为炼金术提供了理论依据。比如，按照亚里士多德"万物都内在地趋向善"的观点，贱金属会自然地转变为贵金属。炼金术只是人为加快了这个过程。

佐西默斯

当时炼金术一般的操作程序有四步：

第一步：将铜、锡、铅、铁四种贱金属熔合，变成无颜色的"死物质"，此过程被称为"黑变"。

第二步：加入水银使合金表面变白，此过程被称为"白变"或"成银"。

第三步：加入少许金子，使合金表面变黄，此过程被称为"黄变"或"成金"。

第四步：通过泡洗将表面的贱金属去掉，使合金呈现纯正的金色，此过程被称为"净化"。这一步完成后，原先的贱金属失去其原有的"贱性灵魂"，获得"高贵的灵魂"，成为贵金属。

亚历山大里亚的炼金术活动大大提高了当时的化工工艺水平。炼金术士们发明制造了蒸馏器、熔炉、加热锅、烧杯、过滤器等化学用具，这些器具到现在还是化学实验室的常用设备。

佐西默斯蒸馏设备

阿拉伯人的炼金术

阿拉伯人掀起了炼金术的第二次高潮。他们的炼金术来源很多，主要受亚历山大里亚希腊化传统的影响，但中国炼丹术对他们的影响也不可低估。

阿拉伯帝国前期最著名的炼金术士是贾比尔·伊本·哈扬，他大约于公元721年生于伊拉克，公元815年去世。

贾比尔对炼金术的最大贡献是提出了金属的两大组分理论。他认为所有金属都由硫和汞这两种物质按一定比例化合而成。黄金富含汞，贱金属则富含硫。改变金属中这两种物质的比例，即可改变金属的贵贱。这一理论与事实相去甚远，但贾比尔在化学实验中引入了定量分析的方法，摒弃了传统炼金术的神秘主义成分，可以说是近代化学的先驱。

贾比尔·伊本·哈扬

阿拉伯的第二位炼金术大师是阿尔·拉兹（约850—925年），他是巴格达一位非常著名的医生。他同贾比尔一样，注重化学实验。他的著作《秘密的秘密》记下了不少化学配方和化学方法。他发展了贾比尔的组分理论，增加盐为第三种组分。汞、硫、盐的三组分理论一直流行到17世纪波义耳的《怀疑的化学家》出版为止。

阿尔·拉兹

阿拉伯炼金术是化学史上极为重要的一段。西文中有许多化学词汇来自阿拉伯文，如碱（alkali）、酒精（alcohol）、糖（sugar）等。

碱　　　酒精　　　糖

花拉子模与阿拉伯数学

花拉子模,阿拉伯数学家、天文学家,被尊为"代数学之父"。他约公元780年生于波斯北部的花拉子模。后人为表尊重,以他的出生地来称呼他。他生活的年代,正是阿拔斯王朝的哈里发·阿尔·马蒙在位之时。他青年时代来到巴格达,进了"智慧馆",起先从事天文观测,后来开始整理印度数学。

花拉子模

阿拉伯数字和代数学

花拉子模最著名的工作是写了一部论印度数字的书和一部《复原和化简的科学》，将印度的算术和代数介绍给了西方。

我们所说的阿拉伯数字实际上是印度数字。但西方人是通过阿拉伯人特别是花拉子模的书知道它们的，因而误以为是阿拉伯人的发明。

后一部书标题中的"复原"（al-jabr），意指保持方程两边的平衡，在拉丁文中，这个词被译作algebra，"代数学"一词即来源于此。

地球周长

花拉子模在天文学上的主要工作是研究了托勒密的宇宙体系。他写了一部《地球形状》，还绘制了一幅世界地图。与托勒密相反，花拉子模把地球估计得过大。他算出的地球周长是6.4万千米（实际只有约4万千米）。

印度数学的成就

公元后的前7个世纪，印度数学在以应用见长的算术和代数上有较大发展。首先，印度人引入了"0"这个数。之前亚历山大里亚的希腊人已开始使用"0"这一概念，但只是用"0"表示该位而没有数字。印度人最先认识到"0"是一个数，可以参与运算。

其次，印度人创造了分数的表示法，把分子、分母上下放置。阿拉伯人在二者中间添了一道横线，成了今天分数的一般表示法。

此外，与希腊人不同，印度人还使用负数、无理数参与运算。

天文学家总是数学家

在阿拉伯数学史上，后来还出现过一位叫奥马·卡亚（1048—1131年）的天文学家。此人写过一本《代数学》的书，书中谈到了二次和三次方程的解法。

奥马·卡亚

阿尔·巴塔尼与阿拉伯天文学

阿尔·巴塔尼是中世纪最杰出的阿拉伯天文学家之一。他大约在公元858年出生于今土耳其境内的哈兰，父亲是天文仪器制造商。他曾在青年时代来到巴格达天文台学习和工作。他在天文学上的主要贡献是，在新的观测的基础上对托勒密宇宙体系进行完善。他留下的著作《论星的科学》是其后几个世纪欧洲天文学家的基本读物。

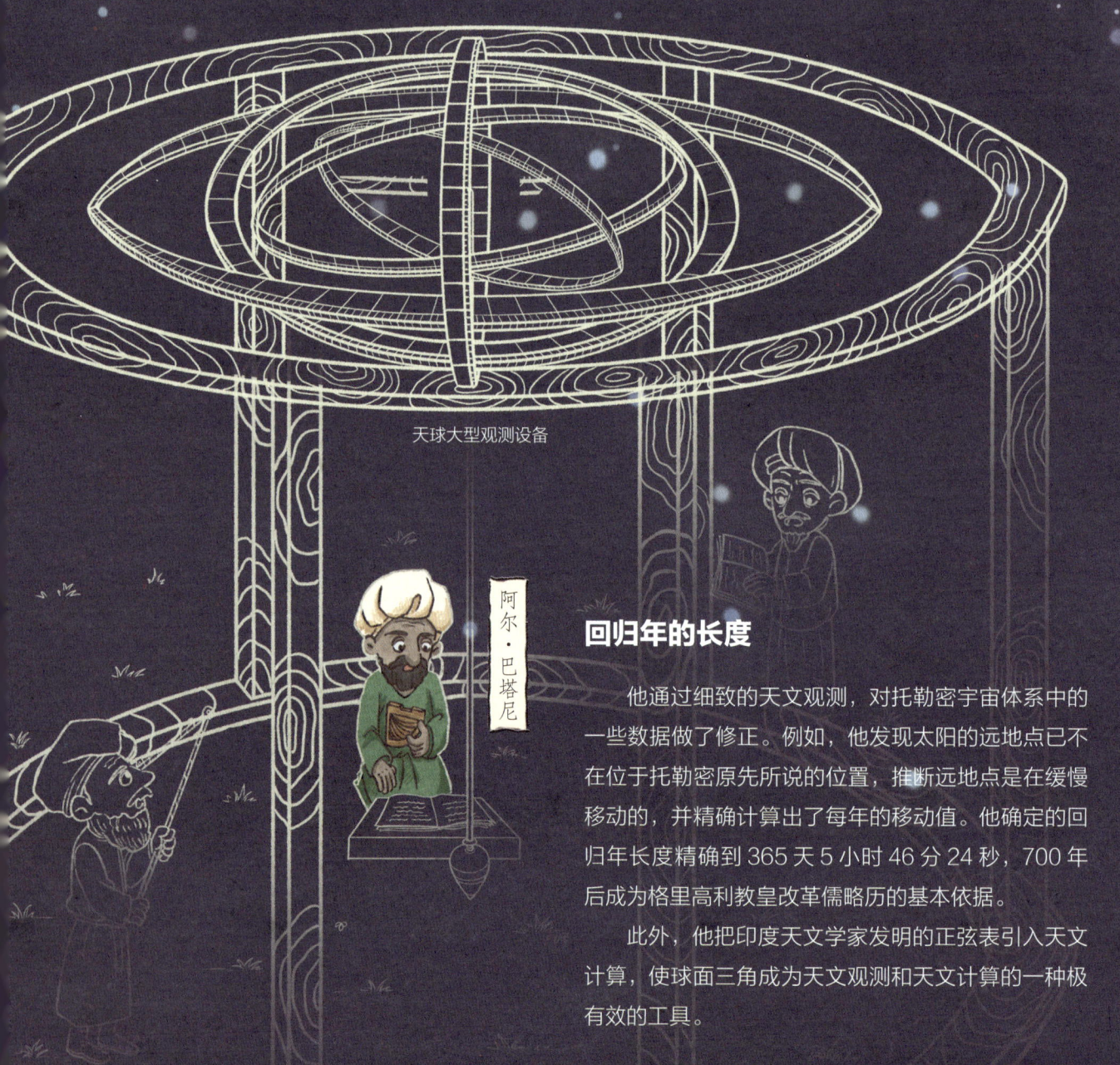

天球大型观测设备

阿尔·巴塔尼

回归年的长度

他通过细致的天文观测，对托勒密宇宙体系中的一些数据做了修正。例如，他发现太阳的远地点已不在位于托勒密原先所说的位置，推断远地点是在缓慢移动的，并精确计算出了每年的移动值。他确定的回归年长度精确到365天5小时46分24秒，700年后成为格里高利教皇改革儒略历的基本依据。

此外，他把印度天文学家发明的正弦表引入天文计算，使球面三角成为天文观测和天文计算的一种极有效的工具。

阿尔哈曾与阿拉伯物理学

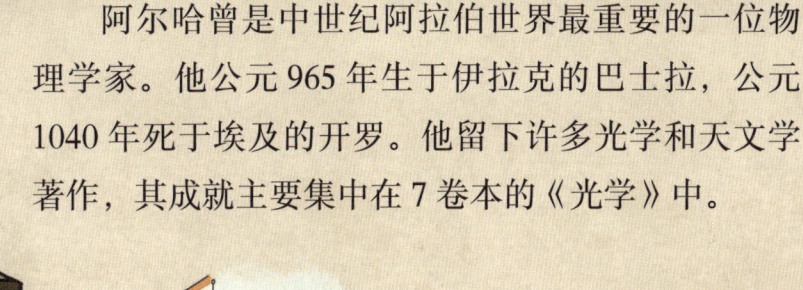

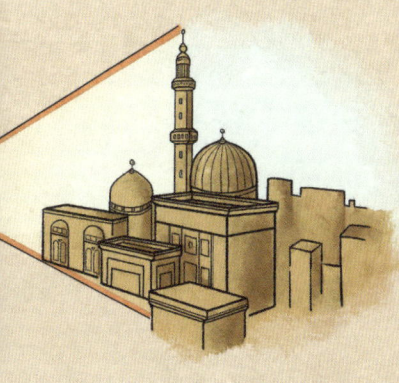

阿尔哈曾是中世纪阿拉伯世界最重要的一位物理学家。他公元965年生于伊拉克的巴士拉，公元1040年死于埃及的开罗。他留下许多光学和天文学著作，其成就主要集中在7卷本的《光学》中。

阿尔哈曾关于光的折射实验

所有光线都来自太阳

从前人们认为，人能看见东西是因为从人眼睛里发射出的光线经过物体又反射回来了。阿尔哈曾指出，人的眼睛并不发射光线，所有光线都来自太阳。人能看见物体，是因为物体反射了太阳光。这是光学史上一次大的观念变革。

他研究了透镜的成像原理，发现是透镜的曲面而非其材料造成了光线的折射。他广泛研究了光在各种情形下的折射和反射现象，特别探讨了大气中的光学现象。他还讨论了月亮如何反射太阳光的问题。

装疯的物理学家

像阿基米德一样，阿尔哈曾也喜欢搞技术发明，因此招来了一些麻烦。他曾向埃及当时的哈里发提出愿意发明一种治理尼罗河洪水的装置，但这个性情暴虐的哈里发要求他立即造出这种机器，否则就要处死他。这样的机器没法很快造出来，为了逃避死刑，阿尔哈曾不得不装疯多年，直到这个哈里发死去。

阿维森纳与阿拉伯医学

阿维森纳于公元980年出生在波斯的布哈拉（今属乌兹别克斯坦），父亲是一名税务官。他从小接受了很好的教育，有"神童"之称。他生活的年代已不是阿拉伯文化的黄金时代，帝国的地方割据日盛，他辗转于小国宫廷为君主们治病，同时勤奋著书。

阿拉伯医学的发展

经过延续百年的翻译运动，希腊医学家希波克拉底和盖伦的著作已位列阿拉伯医学新的经典。在阿拔斯王朝时期，政府非常关注社会医疗事业。拉希德统治时期，巴格达建立了第一座医院，之后全国仿效。除了整理开发本民族的传统药物，阿拉伯人还引进了不少外来药物。得益于炼金术的发达，他们甚至制作了不少无机药物。随着阿拉伯医学的发展，出现了一大批卓越的医生和医学家，阿维森纳是其中的翘楚。

阿拉伯医学的百科全书

阿维森纳把亚里士多德的理论系统地运用到医学中，写了100多本哲学和医学著作。其中《医典》一书可说是阿拉伯医学的百科全书，既广泛论述了卫生学、生理学和药物学等学理问题，又记载了大量临床实例，在17世纪以前，一直是欧洲医科大学的教科书和主要参考书。

阿维森纳

阿维罗意与亚里士多德学说的复活

阿维罗意在公元 1126 年出生于西班牙科尔多瓦。他受过良好的教育,曾被任命为法官,还担任过宫廷御医。

他生活的时代,统治西班牙的是后倭马亚王朝。这个由阿拉伯人建立的政权当时正面临基督教文化的冲击,阿拉伯文化的繁荣局面正在消失。阿维罗意的出现既代表着阿拉伯哲学的一个高峰,也是它的终点。

阿维罗意

把希腊哲学引入伊斯兰教

阿维罗意对亚里士多德的著作做过系统的整理和注释,写了不少评注。在评注中,他力图运用这位古希腊哲学巨匠开创的逻辑学为伊斯兰教做哲学辩护,这种做法为中世纪后期的基督教经院哲学提供了示范。

阿维罗意试图将希腊式理性引入伊斯兰教的尝试,令伊斯兰教保守人士大为不满。他被放逐到摩洛哥,于公元 1198 年在那里去世。

◆ 第二章 ◆ 中国独立发展的科技文明
稳定和发展

公元前221年，秦始皇统一六国，开辟了中央集权的政治体制，实施了许多影响深远的巩固统一的制度设计。在之后的2 000多年里，这种国家体制保证了大部分时候中国的政治统一，以及经济和科学文化的稳定发展。

当欧洲堕入中世纪的黑暗时期时，中国步入了辉煌的盛唐时期。在之后的宋朝，中国科学技术发展达到了世界高峰，此时欧洲才刚从漫漫长夜中苏醒。

农

医

天

算

建筑

陶瓷

丝织

独特的科技体系

由于地理上的相对隔绝和政治上的独立稳定，中国古代形成了独特的科技体系。这个体系由农、医、天、算四大学科及陶瓷、丝织、建筑三大技术构成。

除此之外，中国古代的四大发明——造纸术、印刷术、火药、指南针，对欧洲近代科学的诞生起了重要的推动作用，是古代中国人对世界文明的卓越贡献。

农学

中国古代各王朝都很重视农业，有不少官员深入农业实践，总结劳动人民积累的生产知识。中国古代典籍中农书很多，涉及农业生产的各个方面，其中最著名的有《氾胜之书》《齐民要术》《陈旉农书》《王祯农书》《农政全书》。

《氾胜之书》

氾胜之生活在西汉末期，曾在关中地区任农官。他所著《氾胜之书》是目前留传下来最早的农书，但只剩下《齐民要术》《太平御览》等书中选辑的残篇，原书已经失传。

该书总结了我国古代北方地区（主要是关中地区）的耕作经验，提出了农业生产六环节理论，即及时耕作、改良和利用地力、施肥、灌溉、及时中耕除草、及时收获六个环节。此外，该书还对十数种农作物的种植过程做了经验性总结。

《齐民要术》

《齐民要术》是现今完整保存下来的最古老的农书，大约写于公元533至公元544年间，作者是北魏时期的官员贾思勰。全书共10卷92篇，涉及作物栽培、耕作技术和农具使用、畜牧兽医和食物加工等各个方面，几乎是一部农学百科全书。

贾思勰曾在今天的华北一带考察过农业生产状况。《齐民要术》真实地反映了我国黄河中下游地区当时的农业生产水平，详细记述了不同天时、地利情况下的耕作方法，重视种子的选择、收藏和种前处理，比较系统地记载了当时人们掌握的种子种类，总结了施肥、合理换茬、轮作制和套作制等农业技术。

此外，这本书还谈到了果木育苗、嫁接，动物饲养，以及造醋做酱等食物加工技术，反映了当时人们比较丰富的生物学知识。

贾思勰

《陈旉农书》

《陈旉农书》成书于南宋初年，是我国最早的一部专门总结江南水田耕作的小型综合性农书。作者陈旉（1076—？）世居扬州，靠种药治圃为生，书中所述以淮南地区耕作经验为基础。

全书分为三卷。上卷主要讲水稻耕作方法，也谈到麻、粟、芝麻等作物；中卷论述水牛的喂养和使用；下卷则专谈蚕桑。

陈旉

养牛也有方法哟！

《王祯农书》

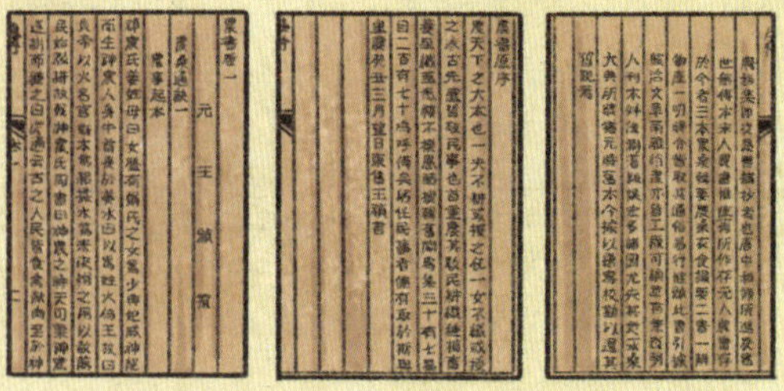

王祯生活在元朝初年，曾在安徽、江西等地担任县尹。《王祯农书》是他综合黄河流域旱田耕作和江南水田耕作两方面生产经验而写成的一部大型农书。

全书共37卷，由三部分组成。第一部分概述了我国农业生产的起源和历史，系统讨论了农业生产的各个环节，广泛涉及林、牧、副、渔的各项技术和经验。第二部分讨论了农作物栽培技术。第三部分介绍了农具和农业器械的构造和制造方法，使用了300多幅插图，这在农学史上是首创之举。此前的农书多以文字为主，介绍农具时十分抽象。

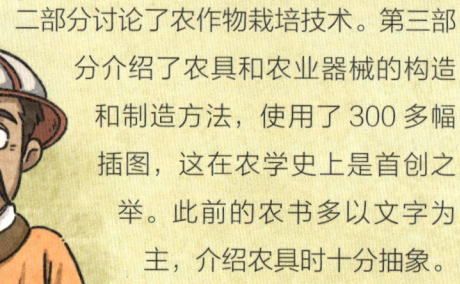

王祯

《农政全书》

《农政全书》是明末科学家和官员徐光启编写的一部大型综合性农书,对我国古代的农学成就做了系统总结,并提出了许多新思想。全书共 60 卷,分农本、田制、农事、水利、农器、树艺、蚕桑、蚕桑广类、种植、牧养、制造和荒政 12 项。相比其他农书主要关注技术知识,这部农书花了近一半篇幅来阐述农政措施。以"荒政"为例,书中对历代备荒的议论、政策做了综述,对水旱虫灾做了统计,对救灾措施及其利弊做了分析,还收录了 400 多种可用来充饥的植物。

一生热爱农业的人

徐光启出身小地主家庭,从小从事农业生产劳动,对农业技术问题很有兴趣。他阅读了大量农书,并留心收集、总结各种农作物的种植经验,还曾在天津海河边组织农民做水稻种植试验。他晚年辞官回乡,潜心编写农书,没几年又被朝廷召回,委以重任。他去世时,《农政全书》只完成了初稿,最终的定稿是由他的门人陈子龙修订完成的。

徐光启

中医和中药

中国传统医学从理论到实践都与传承自古希腊和古罗马的西方医学迥然不同。成书于约先秦至西汉间的医书《黄帝内经》是我国最早的医学典籍，奠定了中医关于人体生理、病理、诊断及治疗的认知基础。人们通常把传说中的神医扁鹊、汉代的外科医生华佗和内科医生张仲景，合称中医三大祖师。

"外科之祖"华佗

华佗是沛国谯（今安徽亳县）人，大约生于2世纪前半叶。他被称为"外科之祖"。据史书记载，华佗曾使用麻沸散作为麻醉剂为病人做腹腔手术。病人先喝酒服下麻沸散，醉倒后无知觉，便可对其腹腔施行手术，手术完毕后缝合并涂上神妙的膏药，四五天伤口愈合，一个月内病人完全恢复正常。

华佗之死据说与曹操有关。曹操经常头痛，只有华佗的针灸能够医治。他于是想让华佗成为他的私人医生。但华佗想着世间有更多病人需要他去医治，没有答应。曹操一怒之下将华佗投入牢狱，后将其杀害。传说华佗在牢狱中将自己的医术总结成《青囊经》一书，可惜未寻到可托付之人，只好烧毁。

猿戏　　鹿戏　　鸟戏　　熊戏　　虎戏

华佗在医学上的另一建树是提倡体育锻炼，预防疾病。他继承先秦以来的导引术传统，模仿虎、鹿、熊、猿、鸟五种禽兽的自然动作，创编了"五禽戏"。

内科医生张仲景

与华佗大体同时代，东汉末年还出了一位名医，叫张仲景，大约公元150年生于南阳郡（今河南南阳）。相传他曾官拜长沙太守，后辞官专心研究医学，在总结前人医学著作的基础上，于3世纪初写成了《伤寒杂病论》。

在中医药史上，《伤寒杂病论》是一部里程碑式的著作，后来被晋代人王叔和整理成《伤寒论》和《金匮要略》两书，前者主要论述伤寒等急性传染病，后者主要论述内科病及某些妇科病和外科病。《伤寒杂病论》确立了中医传统的辨证施治的医疗原则，奠定了中医治疗学的基础。此外，该书还是一部极有价值的经方，选收了300多个药方，说明了配药、煎药和服药所遵循的原则。

本草

  在现代医学发展起来之前，人们主要用天然药物来应对各种疾病。天然药物通常包括植物、动物、矿物三类，但主要是植物性药物。中国古代就以"本草"一词作为中药的统称，有许多药物学著作以《本草》命名。比如，我国现存最早的药物学专著、汉代的《神农本草经》，南朝陶弘景的《本草经集注》，唐代官编的《新修本草》，宋代唐慎微的《经史证类备急本草》，以及最著名的明代李时珍的《本草纲目》。

  李时珍于公元 1518 年生于湖北蕲州（今湖北蕲春）一个医生世家，早年科举不顺，后潜心医学，立志编纂一部新的《本草》。为此，他阅读了大量书籍，并实地考察了许多地方，收集标本和单方，进行药物试验，历时 20 多年，终于写成 52 卷约 190 万字的巨著《本草纲目》。书中共收录药物 1 892 种，附方 11 096 个，配有插图 1 160 幅。

  《本草纲目》于公元 1596 年在南京出版，此时李时珍已经去世。这部书不仅是我国药物学的集大成之作，也是一部伟大的博物学、生物学和化学著作。在我国，《本草纲目》有许多版本传世。明万历年间，它被传至日本，之后逐步传向欧洲，先后被译成拉丁文、法文、英文、俄文等。

针灸、诊脉和药方

针灸学方面的著作，主要有魏晋时期皇甫谧所著《针灸甲乙经》、宋代王惟一所著《铜人腧穴针灸图经》、元代滑寿所著《十四经发挥》等。在其他方面，晋代王叔和的《脉经》是中医传统的切脉诊断术的经典之作，葛洪的《肘后备急方》、巢元方的《诸病源候论》、孙思邈的《千金方》、王焘的《外台秘要》都是我国医学宝库中的珍品。

唐代名医孙思邈被后世尊称为"药王"。他是京兆华原（今陕西耀州区）人，约生于公元 581 年，据说活到了 101 岁。他在理论和实践两方面均大大提升了中医学的水平。其著作中不仅有关于如何治病的临床手段和方法，且贯穿着医德、养生和巫术理论。他唯一幸存的著作《千金方》收集了 800 多种药物的使用方法，对其中 200 多种的采集和炮制做了详细论述。

天文学

中国古代的天文学成就，包括阴阳历法的制定、天象观测、天文仪器的制造和使用，以及构造宇宙理论。大约在汉代，中国已形成自身独特的天文和历法体系，特别是在天象观测记录的丰富性、完整性方面，中国一直走在世界各文明古国的前列。

苏州石刻天文图

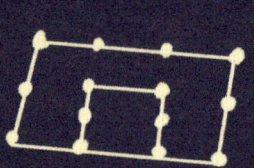

制历先测天

作为农业大国，我国古代非常重视历法，汉代就确立了"制历必先测天"的原则。中国传统的历法是阴阳合历，既考虑月亮运动，又考虑太阳运动。我们熟悉的"二十四节气"就是按太阳运动编制的，复杂一点的"朔望月"依据的则是月亮运动。早在战国时期，我国就出现了以 365 又 1/4 天为一年的"四分历"。据统计，中国历代编制的历法有近百之多，背后依托的正是发达的天象观测。

天象观测

在恒星观测方面，我国有世界上公认最早的星表"甘石星表"（公元前 4 世纪），汉代可能已经有了星图。在敦煌石窟发现的一幅唐代绘制的《敦煌星图》载有 1 300 多颗星。

据记载，北宋时期进行过五次大规模的恒星观测。现存苏州博物馆的南宋石刻《天文图》（刻于公元 1247 年）被认为是按公元 1193 年的一幅星图刻制的，上面刻有 1 434 颗星。除中国外，14 世纪之前世界上所有的星图都未保存下来。

在行星观测方面，以湖南长沙马王堆汉墓中出土的帛书《五星占》为例，上面详细记录了公元前 246 年到公元前 177 年间金星、木星和土星的位置，记载金星的会合周期为 584.4 日（今测值 583.92 日）。

对日月食的观测记录，是我国古代天文学的一大特色。《汉书·五行志》对公元前 89 年的日食的记载非常详细，包括太阳位置、食分、初亏和复圆时刻等。从汉初到公元 1785 年，中国共记录日食 925 次，月食 574 次，堪称世界之最。

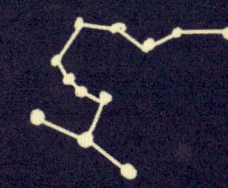

对异常天象，中国天文学家也有详细的观测记录。西方人受古希腊天文传统的影响，认为天际恒常不变，有意无意地忽视异常天象。

《汉书·五行志》中记录了公元前 28 年 3 月的太阳黑子现象。《汉书·天文志》记载了公元前 32 年 10 月 24 日的极光现象。马王堆汉墓出土的彗星图表明当时对彗星的观测已非常细致。此外，在太阳黑子、新星、超新星等方面，我国都留下了世界上最为丰富的观测记录。

张衡的发明

　　大约在西周时期,中国天文学家已开始使用漏壶计时。浑仪和浑象是我国传统的天文观测仪器,统称浑天仪。浑指圆球,浑仪是由一系列同心圆组成的仪器,往往还加上窥管,以备实际观测之用。浑象则是一个球,上面刻着各种特征的天象,用以演示实际天象。

　　张衡是东汉时期著名的天文学家和文学家,生于南阳西鄂(今河南南阳石桥镇)。他在科学上最突出的成就是他的宇宙理论浑天说,以及他制造的候风地动仪和漏水转浑天仪。

　　候风地动仪已经失传。据史书记载,地动仪中有都柱,外有八道,八道连接八条口含小铜珠的龙,龙头下面有一只蟾蜍张口向上。一旦发生地震,都柱因受震动倒向八道之一,该道龙口张开,铜珠落入蟾蜍口中,观测者即可得知地震的时间和方向。

　　漏水转浑天仪由漏壶和浑象共同组成。一个铜球上刻有二十八宿、中外星官和黄赤道、南北极、二十四节气等,被固定在一个轴上转动,动力由漏壶的流水提供,可以模拟星空的周日视运动。

　　在张衡之后,浑天仪愈来愈精致和准确。北宋的苏颂等人造出了可让人进入其中观看模拟天象的假天仪,类似于现代天文馆中的天象厅。

苏颂

漏水转浑天仪

盖天说、浑天说和宣夜说

中国古代的宇宙理论主要有三种，其中最古老的是盖天说。它主张天和地是两个同心穹形，之间相距 4 万千米。北极是天穹的中央，日月星辰绕其旋转。这种描述比较符合普通人的常识，但不能较好地解释精确观测到的天象，因此后来又产生了浑天说和宣夜说。

张衡是浑天说的代表人物。漏水转浑天仪的制造就基于这种宇宙理论。他认为天是个完整的球体，地球居于天球中，犹如蛋黄居于鸡蛋内。恒星处于天球之上，日月五星游离于天球附近。这种理论可以更好地解释天象和计算天体位置，是球面天文学的原始形式。

宣夜说与浑天说对立，反对存在固体天穹，主张宇宙中充满了无边无涯的气体，日月星辰飘浮在其中。这种"气论"支持宇宙无限的观点，但与天文观测无法衔接，只是一种纯粹的哲学理论。

祖冲之和《大明历》

祖冲之是南北朝时期伟大的数学家和天文学家。他最为世人所知的科学工作是推算圆周率。在天文学上，他的主要贡献是制定了《大明历》。他把前人测定的岁差现象纳入历法编制，制定了每 391 年设 144 个闰月的更为准确的置闰周期，推算出回归年长度为 365.2 428 148 日，与现今的推算只差 46 秒。他还明确提出交点月的长度为 27.21 223 日，与现今的推算只差 1 秒左右。

僧人一行和《大衍历》

一行，唐朝僧人，俗名张遂，魏州昌乐（今河南南乐）人，精通历象、阴阳、五行，出家后仍勤奋钻研数学。公元717年，唐玄宗令一行制定新历。他组织了大批朝野天文学家进行系统的天象观测，特别是直接观测太阳在黄道上的视运动，作为改历的基础。

黄道游仪

一行运用梁令瓒设计的黄道游仪，系统观测记录了日月星辰的运动，采用了更符合天象的新数据。

他还领导了对全国的大地测量。测量结果否定了人们长久以来信奉的"南北地隔千里，影长差一寸"的说法，得出地球子午线一度相隔129.22千米的准确数据（现今的测量值是111.2千米）。

他从公元725年开始着手编制《大衍历》，直到公元727年方才完成。《大衍历》是当时最好的历法，形成了我国成熟的历法体系，为后世所仿效。

简仪

郭守敬的发明

郭守敬是元代著名科学家和天文观测家。他的工作使我国的天文仪器制造在元代达到了高峰。

在圭表制造上，郭守敬创造性地运用"高表"及"景符"，使测影精度大大提高。

在浑仪制造上，郭守敬发明了简仪。他把浑仪分解为两个独立的装置（赤道装置和地平装置），并在窥孔上加线，提高了观测精度。

郭守敬还设计制造了仰仪（观测太阳）、七宝灯漏（自动报时）、星晷定时仪（以恒星位置定时刻）、水运浑象、日月食仪等天文仪器。

郭守敬和《授时历》

郭守敬参与创制的《授时历》是我国中古时期历法的优秀典范。它将回归年长度定为365.2425日（与今天世界通用的公历一致），并认识到回归年长度古大今小。本书还首创了推算日月五星运动的"创法五事"。

七宝灯漏

郭守敬

算学

在我国古代，数学被称为"算学"，侧重于解决实际应用问题，没有发展出如欧式几何那样逻辑严密的数学体系。此外，由于研究天文历法需要解决不少艰深的数学问题，历法与算学的发展密切相关，许多科学家兼天文学家和数学家于一身。

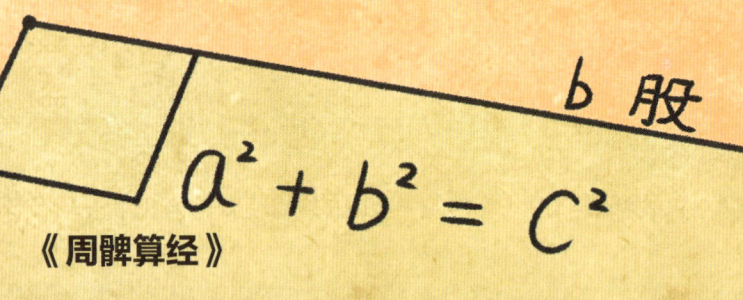

$$a^2 + b^2 = c^2$$

《周髀算经》

《周髀算经》是我国现存最古老的数学和天文学著作，大约成书于西汉或更早。书中借西周数学家商高之口介绍了"勾股定理"，探讨了如何将几何规律用于天文测算，并在此基础上提出了宇宙理论盖天说。

《九章算术》

汉代另一本数学著作《九章算术》大约成书于1世纪，其作者并非单独一人，有数代学者参与修改和补充。

这本书是对战国和秦汉时期我国人民所掌握的数学知识的系统总结，共9章，246个数学问题，主要解决田地面积、工程体积、由面积和体积求边长、按比例分配等应用问题。解题过程涉及分数计算法、比例计算法、面积体积计算法、开方术以及方程中的正负数运算等，是当时世界上最先进的算术。

《九章算术》开创的体例和风格为后世中国数学家所沿用。我国古代数学家正是在对它的注释中推动着中国数学的发展。

高表测影

"周髀"之"髀"指的是一种古老的用来度量日影长度的天文仪器，叫主表。这种仪器由两部分组成，垂直于地面的直杆叫股或表，水平放置于地面的有刻度的标尺叫主。古人通过观察记录表在正午时的影子的长短变化来确定季节的流转，这种方法被称为"高表测影法"。

刘徽、祖冲之、祖暅

刘徽生活于曹魏和西晋时期，于公元263年写出了著名的《九章算术注》。这本书除了对《九章算术》的解法给出理论证明，还创立了"割圆术"，即通过不断倍增圆内接正多边形的边数求出圆周率的方法。运用这一方法，刘徽算出了圆内接正192边形的面积，得出了圆周率的两个近似值 π=3.14 和 π=3.1416，这是当时世界上最精确的圆周率值。

同样运用"割圆术"，南北朝时期的数学家祖冲之及其子祖暅通过计算圆内接正 6 144 边形和正 12 288 边形的面积，得出 3.1 415 926<π<3.1 415 927，将圆周率精确到了小数点后第七位。直到15世纪，才有阿拉伯数学家突破这一精度。

此外，祖暅还证明了"同底等高的两组立体，若其任意等高处的截面积相等，则它们的体积必相等"，今人称之为"祖暅原理"。这一原理在西方被称为"卡瓦列里原理"，由意大利数学家卡瓦列里于公元1653年独立提出，对微积分的建立有重要影响。

《算经十书》

唐代国子监设有算学馆，唐高宗时期规定了十部著名的数学著作作为其算学教科书，后世通称为《算经十书》。除了汉代的《周髀算经》《九章算术》和唐代王孝通的《缉古算经》，其余均来自魏晋南北朝时期，包括《孙子算经》《夏侯阳算经》《张丘建算经》，刘徽的《海岛算经》，祖冲之的《缀术》，甄鸾的《五曹算经》《五经算术》。到南宋时，由于祖冲之的《缀术》失传，徐岳的《数术记遗》补入。

宋元时期的数学

中国古代数学在宋元时期达到繁荣的顶点，在 11 世纪至 14 世纪，涌现出一批杰出的数学家。其中，秦九韶、李冶、杨辉和朱世杰被誉为"宋元数学四大家"，代表了当时中国也是世界上最先进的数学水平。

自明代开始，中国传统数学较少有创造性发展，除了计算技术的普及与数学应用方面有所进步，整个水平开始落后于欧洲。

秦九韶（约 1208—1261 年），生于南宋末年的普州安岳（今属四川），著有《数书九章》，书中提出的"大衍求一术"（一次同余方程组的解法）和"正负开方术"（以增乘开方法求高次方程正根的解法）是非凡的数学创造。

秦九韶　李冶

李冶（1192—1279年），河北真定人，生活在金元之际，一生潜心著述讲学，据说曾多次谢绝元世祖忽必烈的召见。李冶著有《测圆海镜》和《益古演段》，后者致力于向读者解释"天元术"，即根据问题的已知条件列方程、解方程的方法，标志着我国传统数学中符号代数学的诞生。

杨辉，钱塘人（今浙江杭州），生活在南宋末年。据说他著有算学著作5种，其中《乘除通变本末》《田亩比类乘除捷法》《续古摘奇算法》统称《杨辉算法》。杨辉毕生致力于改进计算技术，主张以加减代乘除，以归除代商除。在高阶等差级数求和方面，他发展了"垛积术"。此外，他还首创了"纵横图"的研究。

朱世杰，燕山人（今北京附近）生活在元代，著有《算学启蒙》和《四元玉鉴》，后一本书特别讨论了高次方程组的解法、高阶等差级数的求和及高次内插法等，提出的解法之精辟在当时世界上首屈一指。

陶瓷

在西方人眼中，中国是"瓷器之国"。英语中的"瓷器"与"中国"就是同一个词。中国古代陶瓷经历了由陶器到瓷器，由青瓷到白瓷，再从白瓷到彩瓷的发展历程。

陶器

将黏土塑成一定形状后用火焙烧所得的器具就是陶器。考古发现，早在一万五千年前，中国人就开始烧制陶器。由于烧造工艺不同，出现了红陶、灰陶和黑陶等不同外观。

陶器的进阶

瓷器由陶器发展而来,是陶器的高级形式。

原料、温度和釉是区别陶与瓷的三要素。陶土含有较多氧化铁,瓷土(或称高岭土)氧化铁含量低,氧化铝含量高;陶的焙烧温度低,约900℃,瓷的焙烧温度在1 200℃以上;瓷器表面有高温釉,陶器无釉或只有低温釉。

骑驼乐舞三彩俑

轮制成型法

单用陶土烧制的陶器表面比较粗糙。后来人们发现了釉(一种矽酸盐),将釉涂在陶坯表面,烧制后的陶器能像玻璃那样光洁。在釉中加入带颜色的金属氧化物,烧制后的陶器还能显示出美丽的色彩。

商朝时我国已出现内外涂釉的陶器。唐代流行的随葬陶器唐三彩能呈现多种釉彩,以红、绿、白三色为主,故而得名。著名的秦始皇陵兵马俑也是彩色的,不同的是,秦兵马俑是烧制后再上色,其色彩无法像釉彩那样长久保持。

瓷器

几乎所有古老的文明都发展出了制陶的工艺，但瓷器是中国人的独创。大约在商代，我们的祖先就已经能烧制原始的瓷器。

真正意义上的瓷器出现在东汉，包括青瓷和黑瓷，以青瓷为主。三国两晋时期，瓷器在釉质和光洁度方面有了显著改善。东晋时，南方的青瓷已形成独特的制造体系，白瓷也在这一时期出现。

隋唐时期，北方白釉瓷的烧制技术日益成熟，形成了与南方的青瓷相抗衡的局面。唐末宋初，南方地区的青瓷极为细腻匀润。后周世宗柴荣的御窑出产的青瓷，颜色像雨后的青天，被誉为"雨过天青"。

中国瓷器发展的高峰是在宋代。"五大名窑"汝、官、哥、钧、定都出现在这一时期。前四家属于青瓷系，只有定窑属于白瓷系。公元1004年，宋真宗将他的年号景德赐予唐代就以制瓷闻名的昌南镇，这里后来成了全中国甚至全世界的制瓷中心。

此外，从宋代开始出现了彩瓷。最早是在单色瓷上刻印花纹，后发展为用彩笔在胎坯上画花纹。在胎坯上画好花纹再入窑烧制所得的叫"釉下彩"，在烧好的瓷器上彩绘再经炉火烘烧而成的叫"釉上彩"。

你说的白是什么白？

古人所说的青瓷、黑瓷、白瓷，并非单指一种颜色。青瓷包含了青绿、青黄、青褐、青灰等；黑瓷包含了褐、酱等，白瓷也可能发灰、发黄或发青。瓷器呈现什么颜色主要取决于釉料中铁的含量。铁含量越低，釉色越浅，反之则越深。当时的人还不能很好地控制原料比例和烧制温度，烧制出的瓷器釉色不稳定，有很强的随机性。

"釉下彩"中最著名的是青花瓷，始于宋代，后成为我国瓷器的主流。"斗彩""五彩""粉彩"瓷属于"釉上彩"。这些优质品类的瓷器后来不断发展，涌现出大量精品。

陶瓷的西传

中国陶瓷大约于8世纪（唐代中期）通过陆上或海上"丝绸之路"传到西亚和南亚，再由这些地方传到欧洲。中国瓷器以其瑰丽的色彩和高雅的气质深受各国人民的喜爱，被视为高贵的艺术品。随着瓷器西传，制瓷技术也于11世纪传到波斯和阿拉伯世界。尽管制瓷技术15世纪就传到了意大利及西欧，但真正被欧洲人掌握已是18世纪初。

丝织技术

中国是世界上最早养蚕和织造丝绸的国家。我们的祖先早在3 000多年前的殷商时代就开始养蚕和织丝，至迟在周代已有了官办的手工纺织作坊。

马王堆汉墓中的汉代丝织品

湖南长沙马王堆汉墓出土的大量丝织品，展现了汉初我国丝织技术所达到的水平。品种有绢、罗、纱、锦、绮等；颜色有茶褐、绛红、灰、黄棕、浅黄、青、绿、白等；制作方法有织、绣、绘等；图案极为丰富，有动物、云彩、花草、山水及几何图形。马王堆一号汉墓出土的一件素纱禅衣，衣长超过1米，重量竟只有49克。

唐以后丝织技术的发展

唐代丝织品产地主要在北方。安史之乱后，江南地区的丝织业迅速发展起来。这一时期的丝织技术，包括丝绸的染色、印花技术和纺织机械，都有很大改进，所出丝织品尤为精美。

在唐代的基础上，宋代发展了"织锦"和"缂丝"，元代发展了"织金锦"，明清两代发展了"妆花"。

丝绸之路

自汉代开始经由西域,精美的中国丝织品随商队远销到中亚和欧洲。这条贩卖丝绸的贸易通道以长安、洛阳这两座大都市为起点,途经中亚通往南亚、西亚及欧洲、北非等地,形成了沟通中西文化的"丝绸之路"。

大约在公元初年,丝绸就传到了罗马,在那里被奉为珍宝,只有皇帝和少数贵族才穿得起。

与丝织品一起,我国的养蚕法和丝织技术在6世纪传到了东罗马帝国,12世纪末传到意大利,14世纪传到法国,16世纪末传到英国,19世纪传到美国。

建筑

建筑可以反映一个民族的科技水平和审美观。中国古代建筑在技术上达到过很高的水平，在建筑式样上独具特色。雄伟的万里长城、历史悠久的赵州桥，以及代表各时代建筑最高水平的宗教建筑和皇家建筑，都是中国古代建筑的杰作。

万里长城

万里长城是世界建筑史上的一个奇迹。

早在战国时期，为了抵御北方少数民族的劫掠，秦、赵、燕三国就各自在北部边境修筑长城。秦始皇统一六国后，将三国分散的长城连接起来，向两侧延伸，筑起西起临洮（今甘肃岷县），东至辽东，蜿蜒一万余里的长城。万里长城由此得名。以后历代都在此基础上修建。汉朝修筑的长城西起今新疆罗布泊地区，东至辽东，全长二万多里，是历史上最长的。

明王朝在公元1368至公元1500年间对长城进行了一次规模浩大的重筑，西起嘉峪关，东至鸭绿江畔，全长一万七千多里。此前的长城一般用泥土或石头砌墙，明代开始将大部分城墙用砖头或石块镶砌，使之更加牢固。明代之前的长城大多损毁严重，我们现在看到的长城就来自这次重筑。

长城大多修筑在地形险要的地方，要建成坚固耐久的防御工事，需要极高的工程技术，同时也意味着巨量的人工，比如，参与修筑秦长城的劳工据说就有百万之众。

赵州桥

赵州桥又名安济桥，位于我国河北省赵县城南的洨河之上，是隋朝工匠李春的杰作。

它是一座单孔圆弧石拱桥，净跨 37.02 米，矢高 7.23 米。没有较高的技术水平，这样的坦拱桥很难造出来。它的高明之处还在于在主跨两肩上各造两小拱，以备洪水来临时增加泄水量，减小对桥体的冲击力。此外，加两小拱还可以减轻桥体自重，降低对主拱的压力。

这种"敞肩拱"结构是世界造桥史上的创举，欧洲直到 14 世纪才开始出现。由于结构合理，施工精良，赵州桥历经 1 400 多年仍保存完好。

嵩岳寺塔　　　　佛公释迦塔

佛教建筑

三国时期，佛教逐渐在我国民间流行开来，佛教建筑也开始兴起。寺庙与宫廷建筑基本类似，但增加了佛塔。北魏时期，佛塔一般建在寺院中心，唐代则将大佛塔建在寺庙前面或侧面，形成塔殿并列的格局。再以后，佛塔超出佛教的范围，成了人文景观的一部分。

我国现存最早的佛塔是嵩岳寺塔，位于河南省登封县嵩山南麓，高40多米，15层，是一座砖塔。此塔约建于北魏正光年间（520—525年）。一千多年过去，经历地震、风化、战乱，南北朝时期的佛塔损毁殆尽，只有它完整地保存了下来。

唐代佛塔大多是木塔，多数未留存至今，仅有一些较小的砖塔幸存下来，比如唐高僧玄奘取经归来放佛经的大雁塔。

宋代开始流行砖塔，大多呈八角形，个别为六角形或方形，塔内结构极为考究，有回廊式（如苏州报恩寺塔）、穿壁式（如九江能仁寺大胜塔）、穿心式（如定县开元寺塔）、旋梯式（如开封祐国寺塔）。建塔的材料也变得多样化，既有纯木制、纯砖制和纯石块制，也有砖木混合、砖石混合。

现存木塔以山西应县佛宫寺释迦塔最为著名。它是世界上现存最高的古代木结构建筑，高达67.31米，建于公元1056年，历经九百多年风雨和元明两代多次地震而不毁。

我国佛教建筑的另一大类别是石窟寺，一般开凿在山崖陡壁上。最早自十六国时期开始，延续至明清，尤以北朝、隋、唐时期为盛。其中最著名的有云冈石窟、敦煌莫高石窟、麦积山石窟和龙门石窟。

石窟的一般结构是前部开门，门外是木结构，后壁雕刻出一个巨大的佛像，左右雕有较小的佛像。洞壁上通常雕刻大量反映宗教故事和社会生活的画面，具有重要的历史考古价值。

《营造法式》

公元1100年，宋代建筑师李诫编成《营造法式》一书，这是一部由官方颁布的建筑设计施工规范，对中原地区官式建筑工程的各个环节给出了明确标准，直接目的是限定人工和用料，服务政府财政预算。书中汇总了北宋的宫殿、寺庙、官署、府第等木构建筑的形制和工艺，使后来者能在实物遗存较少的情况下，对当时的建筑有详细了解。

云冈石窟

故宫

中国传统建筑以木结构为主,这一风格大概在汉代就已成形。明代在北京修建的皇宫,即现在的故宫,是我国传统木结构建筑技术的卓越体现。

故宫始建于公元 1406 年至公元 1421 年,是一个庞大的建筑群,有房屋近万间,被高达 10 米的城墙围住,墙外环绕一条宽 50 多米的护城河。整个故宫建筑群布局严谨,由前部的外朝和后部的内廷组成。

外朝是皇帝治理朝政的主要场所,以太和殿、中和殿、保和殿三大殿为中心,文华殿、武英殿为两翼。三大殿依次矗立在 8 米多高的三层白石台基上,气势宏伟。

其中太和殿最大,高 26.92 米,东西长 6 000 米,南北进深 33 米,殿内用了 72 根高 14.4 米、柱径 1.06 米的木柱作为支架,是"抬梁式"结构的代表作。

内廷是皇帝和后妃的住所,有乾清宫、交泰殿、坤宁宫、乾东西五所和东西六宫,还有一个御花园。

故宫的建材从哪里来？

建造故宫所使用的木材大都是从边远省区的崇山峻岭中砍伐来的，石料则采自北京北部的山区，有些巨石重达数百吨。运输这些建筑材料除了要动用大量人力，还需要很高的技术水平。

纸的发明

纸的发明对人类文明产生了深远的影响。在纸出现之前，人类要积累和传播知识很不容易。各个古老文明都在从其自然环境中寻找合适的书写材料。

五花八门的书写材料

古埃及人用天然生长的植物纸草。希腊人用羊皮。巴比伦人把文字刻在泥板上。印度人则用白桦树皮或多罗树的树叶作为书写材料。

中国人先是把字刻在龟甲和动物的骨头上，那时的文字被称为甲骨文。之后把文字铸在青铜器上，于是有了"金文"，也称"钟鼎文"。再以后是将字写在竹片和木片上，称为"简"，把简用绳子穿起来就成了册。与简同时使用的还有丝帛。

据说，西汉时有个叫东方朔的人给汉武帝写了一封信，用了整整3 000片竹简，两个身强力壮的人才搬得动。汉武帝花了两个多月才读完。

最早的纸

前面提到的这些书写材料要么笨重不便，要么过于昂贵，都不利于普及。

中国人自古种桑养蚕，用蚕的茧丝织造华贵漂亮的丝绸。正是在处理茧丝的过程中，纸作为一种副产品被发明出来。

工匠们会将较差的茧子用漂絮法做成丝绵。先将茧用水煮沸，放在浸于水中的篾席上反复捶打、漂洗，待蚕衣被捣碎、散开成丝絮后取下来。此时篾席上往往还残留着一层薄薄的絮片。古人发现这种絮片晒干后可以用来写字。这种絮纸是纸的原始形态。

它有何用？

秦汉时期，人们发现了制作麻料衣服的副产品，即植物纤维纸。

公元1957年，中国考古学家在陕西灞桥的一座古墓中发现了一批纸的残片，其原料正是大麻纤维，制造年代大约在公元前140年至公元前87年。这批残片就是举世闻名的灞桥纸，是迄今发现的世界上最早的纸。

灞桥纸

蔡伦和造纸技术的改进

东汉时期的宦官蔡伦在改进造纸技术方面做出了重要贡献。他勤于钻研，经常与工匠一起讨论试验，最终提出了用树皮、麻头、破布和渔网作为原料造纸的方法。这种方法使原料来源更广泛，且纸的质量也更好。公元105年，蔡伦正式将这种纸献给朝廷，之后开始在全国推广，人称"蔡侯纸"。

蔡伦

第一步：斩竹漂塘

第二步：煮楻足火

第三步：荡料入帘

第四步：覆帘压纸

第五步：透火焙干

蔡伦之后，造纸技术不断改进。到唐朝已出现了多种名贵的纸张，如北方的桑皮纸、四川的蜀纸、安徽的宣纸以及江南的竹纸等。到了宋代，纸的品类和用途更多，材料来源更广。明代科学家宋应星在《天工开物》中详细记载了造纸的一般工序和相关技术。

纸的西传

纸张与造纸技术的西传几乎与纸的发明同时。

作为书写材料，蔡侯纸廉价的优点显而易见，因此在发明后不久就流传到了西域。

造纸技术传到阿拉伯是在唐朝中期。公元 751 年，大唐帝国与阿拉伯帝国（中国史书称大食）在怛罗斯城（在今哈萨克斯坦境内）开战，唐军战败。据记载，被俘的士兵中恰好有些造纸工匠。这些俘虏被带到撒马尔罕（今乌兹别克斯坦境内），设厂造纸，远近驰名。造纸业发达后，纸成为撒马尔罕对外贸易的一种重要商品。

8 世纪末，巴格达开始建立造纸厂。随后造纸业在大马士革兴盛起来，欧洲此后几百年一直从大马士革进口纸张。再后来，造纸术也传到了欧洲各国。西班牙和法国于 12 世纪，意大利和德国于 13 世纪相继建立纸厂。到 16 世纪时，造纸厂已遍及欧洲。

印刷术

与造纸术一样，印刷术的发明极大地降低了人类传播知识的难度。在此之前，出版一本书得靠抄写，不仅慢，也常常存在笔误。遇到需要画图的书，质量更是无法保证。

印刷术的原理非常简单。图章的使用在远古时期就已经很普遍，但欧洲直到14世纪才开始采用印刷术印刷图像，15世纪才开始活字印刷。印刷首先需要质地相同的印刷材料，在中国人发明的纸传入欧洲之前，印刷术的推行是不可想象的。

120

雕版印刷

隋朝时，我国人民已经发明了雕版印刷术：将一篇文章用反手字刻在木板上，在木板上刷墨，凸起的字受墨，从而将文章印到纸上。用这种方法可以将一篇文章或一本书印成完全一样的许多份。

唐代印刷业极为发达，四川成都几乎成了刻书的中心，大量农书、医书、历书、字帖由此流传到全国各地。印刷术也被用于大量印制佛经和佛像。公元1900年，在敦煌莫高窟发现了一部唐代刻印的《金刚经》，标明日期为"咸通九年四月十五日"，也就是公元868年。这是迄今发现的世界上最早印有出版日期的印刷品，现藏于英国伦敦大英图书馆。欧洲最早印有确切日期的印刷品是在德国南部发现的"圣克里斯托弗画像"，日期是公元1423年。

马克思的话

中国古代的四大发明传到欧洲，对欧洲近代革命产生了重要影响。对此，马克思是这样说的：火药把骑士阶层炸得粉碎，指南针打开了世界市场并建立了殖民地，而印刷术则变成新教的工具，总的来说变成了科学复兴的手段，变成对精神发展创造必要前提的最强大的杠杆。

雕版印刷术在宋代达到了极高的水平，留存至今的宋代刻本的书籍有1 200多种，每本都十分精美。公元971年在成都刻印的全部《大藏经》共1 046部，5 048卷，雕版达13万块，历时12年之久，是世界印刷史上规模浩大的工程之一。

雕版印刷相对于人工手抄是巨大的进步，但在人力和材料方面依然十分浪费。每一部书都要重新刻版，大部头的书往往要历时数年。书印完后存放版片需占据大量空间，如该书不再重印，版片就作废了。

毕昇与活字印刷

　　北宋庆历年间（1041—1048年），平民毕昇发明了活字印刷术，使印刷技术实现了一次伟大的飞跃。毕昇是一位优秀的刻字工人。在长期的实践中，他总结发明了活字印刷术，其原理与现代印刷术完全相同，分为三个步骤：制活字、排版和印刷。

制活字：用胶泥做材料，在胶泥方块上刻好字后用火煅烧，使之坚硬如瓷。所有活字用纸袋装好，按韵排列。

排版：在铁板上放松香、蜡及纸灰的混合物和一个铁框，装拣出来的字排在铁框中，等排满一框即对铁板加热，使松脂熔化。用一平板将泥活字压平，冷却之后，字会固定在铁板上，版即制好。

印刷：方法与雕版印刷一样。印刷完毕再将铁板加热，使松香和蜡熔化，将泥活字取下放好，以备再用。

毕昇

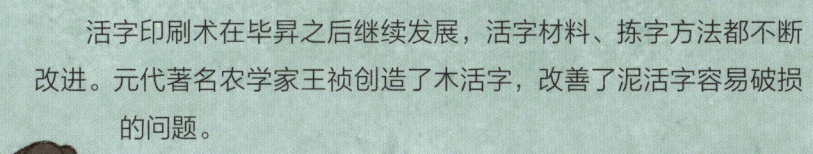

活字印刷术在毕昇之后继续发展，活字材料、拣字方法都不断改进。元代著名农学家王祯创造了木活字，改善了泥活字容易破损的问题。

王祯还发明了转轮排字架，将所有活字按韵排在可以转动的轮盘上，大大提高了工人的拣字速度。在《王祯农书》里，他专门写了一篇《造活字印书法》，这是世界上最早阐述活字印刷工艺的文章。

王祯

转轮排字架

印刷术的传播

中国的雕版印刷术大约于12世纪传到埃及。活字印刷术则通过维吾尔族同胞传入高加索，再传到小亚细亚和埃及的亚历山大里亚以及欧洲。保存到今天的世界上最早的木活字是维吾尔文的，有好几百个。

活字印刷术传到欧洲大约是在元代。公元1450年前后，德国人谷登堡仿照中国活字印刷术，以铅、锑、锡合金为材料制作了欧洲拼音文字的活字，开创了欧洲活字印刷的历史。

各种材质的活字

除了泥活字、木活字，我国古代还出现过磁活字、锡活字、铜活字等。今天流行的铅活字，15、16世纪在我国也已出现。

终于不用再手抄了！

谷登堡

123

火药与炼丹术

木炭
硫黄
硝石

　　火药的主要原料是木炭、硝石和硫黄，被火点着或被用力敲打后会即刻发生化学反应，生成比原有体积大数千倍的气体，产生猛烈的爆炸。火药意味着超常的能量。

　　我国人民很早就掌握了伐木烧炭的技术，公元前后又发现了天然硫矿和硝石。这些基本原料很早就有了，但将它们配制成火药是炼丹术士的功劳。

从丹药到火药

　　古代帝王为了能长生不老，支持方士炼丹。为了炼制出能让人不老的神丹，方士们必然要做不少实验。在炼丹过程中，他们逐渐认识到硫黄和硝石的若干化学特性，掌握了火药的基本配料。唐代著名医药学家孙思邈也是一位炼丹大师，他在《丹经内伏硫黄法》一文中第一次记载了配制火药的基本方法：将硫黄和硝石混合，加入点着火的皂角子，即可发生焰火。这个配方没有将炭与硝石和硫黄混合，反应不够剧烈，但已经十分接近黑色火药的配方。唐代末期，三者相混合的真正的黑色火药配方肯定已经出现。

孙思邈

火蒺藜

突火枪

从火药到火器

到北宋年间,将火药用于制造火器已比较普遍。一开始的火药武器是名副其实的"火器",主要目的是在敌人阵地上制造大火。当时的火箭、火炮只是简单地将带有火药的火球抛向敌方。

公元 1000 年左右,北宋人唐福发明了火蒺藜,里面除火药外还有砒霜、沥青、铁蒺藜等,杀伤力更大,堪称原始的炸弹。陈规于南宋初年发明火枪,以竹管做枪管,往里面装填火药,从后端点火,前端喷出长达数丈的火焰。南宋末年出现了突火枪,以一根很粗的毛竹筒为枪身,内里填充的火药中夹着"子窠",点燃引线后火药喷发,将"子窠"射出。突火枪是近代枪炮的前身。大约在 13 世纪,用金属管代替竹筒的铳枪出现,其威力超过之前所有武器。

这是做什么用的?

炼金角。

火药的西传

中国的硝石、硫黄和火药配制技术大约于 8 世纪首先传到了阿拉伯和波斯。阿拉伯人称硝为"中国雪",波斯人则称其为"中国盐"。14 世纪初,阿拉伯人又将火药技术传到了欧洲。

指南针

指南针的基本原理是磁针的指极性。我们平时看到的指南针通常是一根装在轴上的磁针，可以自由转动，静止时指向南方。但最早的指南针并不是针的形状。

指南车

各种各样的"指南针"

生活在公元前3世纪的思想家韩非子在他的书中提到一种可以指示方向的工具，叫司南，这可能是最早期的指南针。据东汉人记载，司南由磁石制成，形状像一把勺子，有长柄和光滑的圆底，静止时长柄所指方向为南。由于磁性指向工具常常被置于一个标有方位的地盘上，早期指南针也被称为"罗盘"。

天然磁石在遇到强烈震动或高温时容易失去磁性，且司南在地盘上转动要克服比较大的摩擦力，指向效果不是很好。在司南之后，人们继续探索性能更稳定、携带更方便的磁性指向工具。北宋官员曾公亮和丁度在他们编纂的军事著作《武经总要》中提到了指南鱼。这是一种用人造磁钢片做成的鱼形指向标。指南鱼浮在水上，可以自由转动。

传说中的"指南车"

我国古代神话中有黄帝与蚩尤作战，蚩尤发起大雾，黄帝造指南车为军队指引方向的故事。指南车实际出现大约是在汉代。这是一种机械装置，通过齿轮传动使运动的车子上的某物保持固定指向，与依靠磁性指向的指南针是两回事。

另一位北宋科学家、政治家沈括（1031—1095年）在他的《梦溪笔谈》中最早系统阐述了指南针的制造技术。他指出，在磁石上磨过的小铁针具有较稳固的磁性，用细线将磁针悬吊，在无风的地方指向效果很好。

南宋的陈元靓造出了指南龟：木刻的龟内部装上磁石，底部用一根极尖的竹针支撑，使其可以自由转动。这种指南龟后来发展成了旱罗盘。

发现磁偏角

沈括在制造指南针的过程中发现了磁偏角。他在书中写道：磁针"常微偏东，不全南也"。这是磁学史上一个极重要的发现，欧洲直到400年后才有关于这一现象的记载。

指南针与中国航海

　　指南针被应用于航海始于宋代。在此之前，船只在茫茫大海上航行，水手只能凭借太阳和北极星辨别方向。而远程航行需要面对各种天气情况，并不总能看见太阳和星空。有了指南针，船只就可以全天候航行，无须特别考虑昼夜阴晴。

　　宋元时期，中国的对外贸易和海上交通十分发达。广州、泉州、宁波、杭州都是对外港口。中国的船只远航至大西洋沿岸，指南针正是这些远航水手传给阿拉伯人和波斯人的。通过他们，中国人发明的航海罗盘为欧洲人所熟悉。13世纪初，欧洲有了在航海中使用指南针的记载。

郑和

指南针的应用使中国的航海事业达到了极高的水平。

公元 1281 年，元朝人郑震率商船从泉州出发，经 3 个月到达斯里兰卡，此后多次在印度洋上航行。

明代的郑和（1371 或 1375—1433 或 1435 年）于 15 世纪初七下西洋（即南洋群岛和印度洋一带），所率舰队大小船只达 200 多艘，长度超过 100 米的大船就有 50 多艘，人员 2 万多，规模之大远胜半个世纪之后的哥伦布和达·伽马船队。郑和船队使用的航海技术和仪器也是当时世界上最先进的。

运用这些仪器，郑和详细绘制了航海地图，记载了沿岸地形、停泊位置以及航向、航程、观测的牵星记录和水深等数据，是世界航海史上的杰作。

郑和所用的航海仪器包括罗盘、测深器和牵星板。

牵星板是为计算船舶夜间所在的地理纬度而观测星辰（主要是北极星）地平高度的仪器。

明代四大科技著作

在明代，中国科学技术循着固有的模式继续缓慢发展，于明末诞生了四部科技名著：李时珍的《本草纲目》、徐光启的《农政全书》、徐霞客的《徐霞客游记》和宋应星的《天工开物》。

除了《徐霞客游记》，其余三部都是百科全书式的著作，集我国传统科技知识之大成，也预示了传统科技体系的终结。《本草纲目》和《农政全书》前文已介绍过，这里着重介绍后两部。

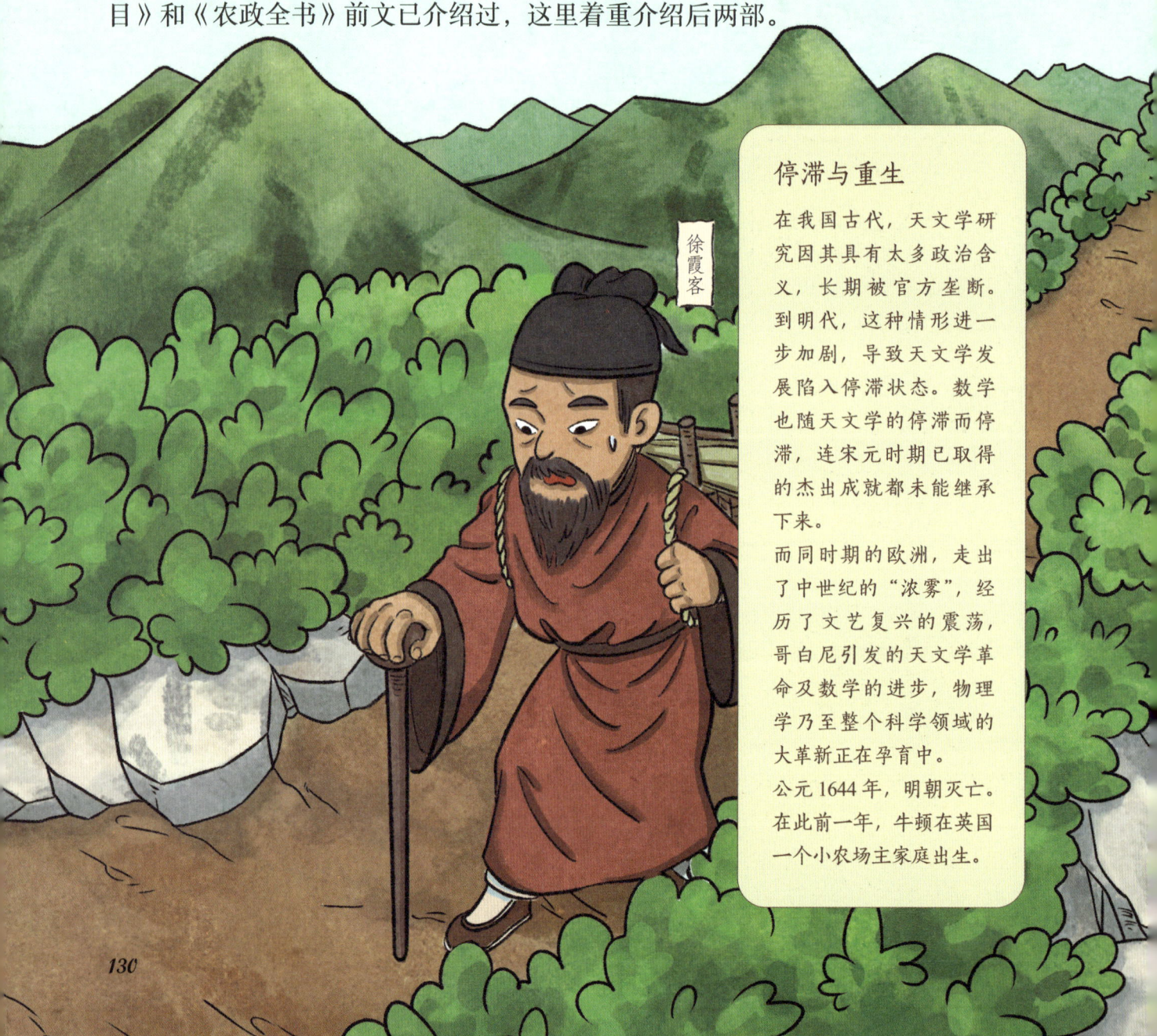

徐霞客

停滞与重生

在我国古代，天文学研究因其具有太多政治含义，长期被官方垄断。到明代，这种情形进一步加剧，导致天文学发展陷入停滞状态。数学也随天文学的停滞而停滞，连宋元时期已取得的杰出成就都未能继承下来。

而同时期的欧洲，走出了中世纪的"浓雾"，经历了文艺复兴的震荡，哥白尼引发的天文学革命及数学的进步，物理学乃至整个科学领域的大革新正在孕育中。

公元1644年，明朝灭亡。在此前一年，牛顿在英国一个小农场主家庭出生。

一部手工业百科全书

宋应星是江西奉新人,生活于明清交会之际,担任过主管教育和刑狱的官职,对农学和工艺制造之学有浓厚兴趣。他在47岁时开始编写《天工开物》,3年写成。全书共18卷,内容包括农作物栽培、农产品加工、制盐、制糖、陶瓷、冶炼、养蚕、纺织、染色、造纸等诸多门类,是一部关于手工业生产技术的百科全书。

中国古代以农为本,农书很多,关于手工业的书很少。自春秋时期的《考工记》以来几乎没有这方面的书籍出现,这正是《天工开物》的特殊价值所在。

宋应星

《天工开物》经耙场景

一部地理学著作

徐霞客生于南直隶江阴(今属江苏),生活于明代,科举不第之后决意云游天下。自22岁开始直到去世前一年,他游历了16个省以及北京、天津、上海等地,走遍了大半个中国。每到一地,他都注意记录山川地貌、物产风情,由他的旅游日记辑成的《徐霞客游记》是一部极有价值的地理学著作,特别是在对西南各省地貌的考察方面,该书有许多开创性贡献。

传教士与西学东渐

西方科学技术最初是通过传教士传入中国的。远道而来的传教士们很快就发现，注重实用的中国人对西方的科学比对西方的宗教更有兴趣，为了取得信任，他们首先献上了科学。传教士大批来华是在明朝万历年间，他们在中国活跃的时间持续到清朝康熙年间。

传教士们带来的科学

这些传教士中对科学知识有较多了解、在华影响也较大的有公元1582年来华的意大利人利玛窦、公元1610年来华的意大利人艾儒略、公元1620年来华的德国人汤若望、公元1658年来华的比利时人南怀仁等。他们带来了西方的天文学、数学、地学、物理学和机械学知识。

数学方面，利玛窦与徐光启合作翻译了《几何原本》前6卷，这是传教士来中国翻译的第一部科学著作。利玛窦与李之藻合作编译了《同文算指》，介绍西方的笔算。公元1646年来华的波兰传教士穆尼阁引入了对数，中国学生薛凤祚将其所传编成《历学会通》。康熙年间，传教士张诚、白晋和中国学者梅毂成主持编写了《数理精蕴》，这是一部介绍西方数学知识的百科全书。

西学东渐的影响

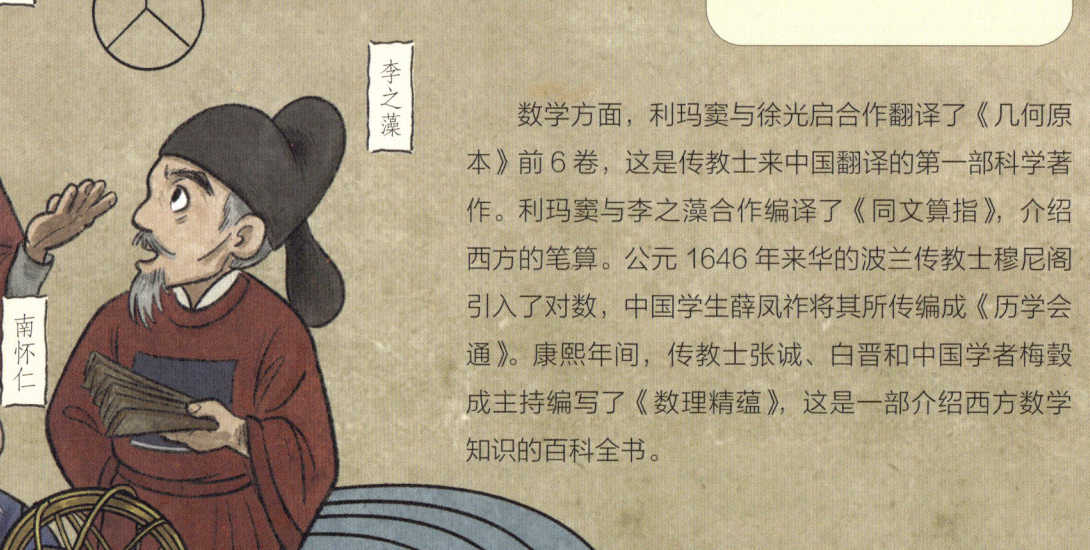

公元1773年，罗马教皇宣布解散耶稣会，这场持续了近200年的西学东渐遂告终止。就结果而言，传教士带来的西洋科学在中国的土地上并没有生根发芽，影响范围局限在历法、算学、地图测绘、火器技术等少数实用领域，对我国传统的科学技术体系并没有多少触动。

天文学方面，利玛窦与李之藻合作著述了《浑盖通宪图说》《经天该》《乾坤体义》，介绍西方当时的天文学理论，如日食月食原理，七大行星与地球体积的比较，等等。

徐光启在传教士协助下按照西方天文学理论修订的新历法《崇祯历书》，后来被汤若望献给了清朝的顺治帝，得以颁行。南怀仁在康熙年间主持皇家天文历法工作，补造了6种天文仪器：天体仪、黄道经纬仪、赤道经纬仪、地平纬仪、地平经仪、纪限仪等。

地学方面，利玛窦来华时给中国带来了第一张世界地图，该图后经多次修订，《坤舆万国全图》是最著名的一版。西方的经纬度制图法、大地的球状理论、五大洲、气候五带等传入中国后，在知识分子阶层中引起了强烈的震动。地球是一个球体，中国之外的世界如此之大，这些观念令他们难以置信。此外，清康熙年间，由传教士主持在全国开展大地测绘工作，绘成《皇舆全图》。这是当时世界上最精确的地图，被传教士们带回欧洲，使欧洲人对亚洲有了新的认识。

物理学方面，汤若望著《远镜说》，介绍了望远镜的制造、用途和原理，以及有关的几何光学知识。公元1619年来华的瑞士人邓玉函与明末科学家王徵合作的《远西奇器图说》，讲述了静力学的基本原理，描述了各种机械的静力学原理。此外，汤若望还将西方的火器制造技术介绍给中国朝廷。

望远镜

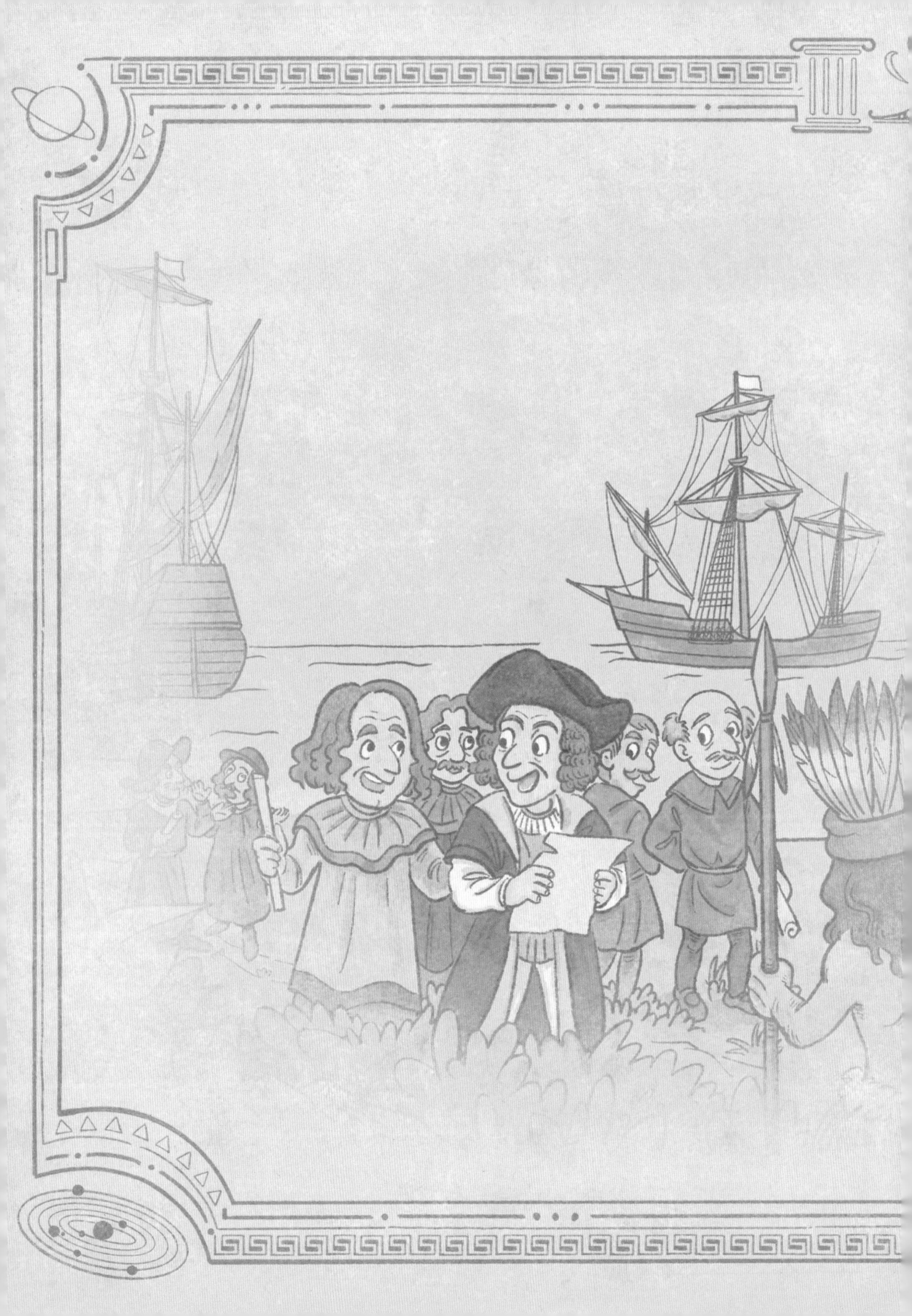

第三部分

• • •

中世纪后期至 17 世纪的欧洲

◆ 第一章 ◆ 欧洲的苏醒 ◆
黑暗的中世纪

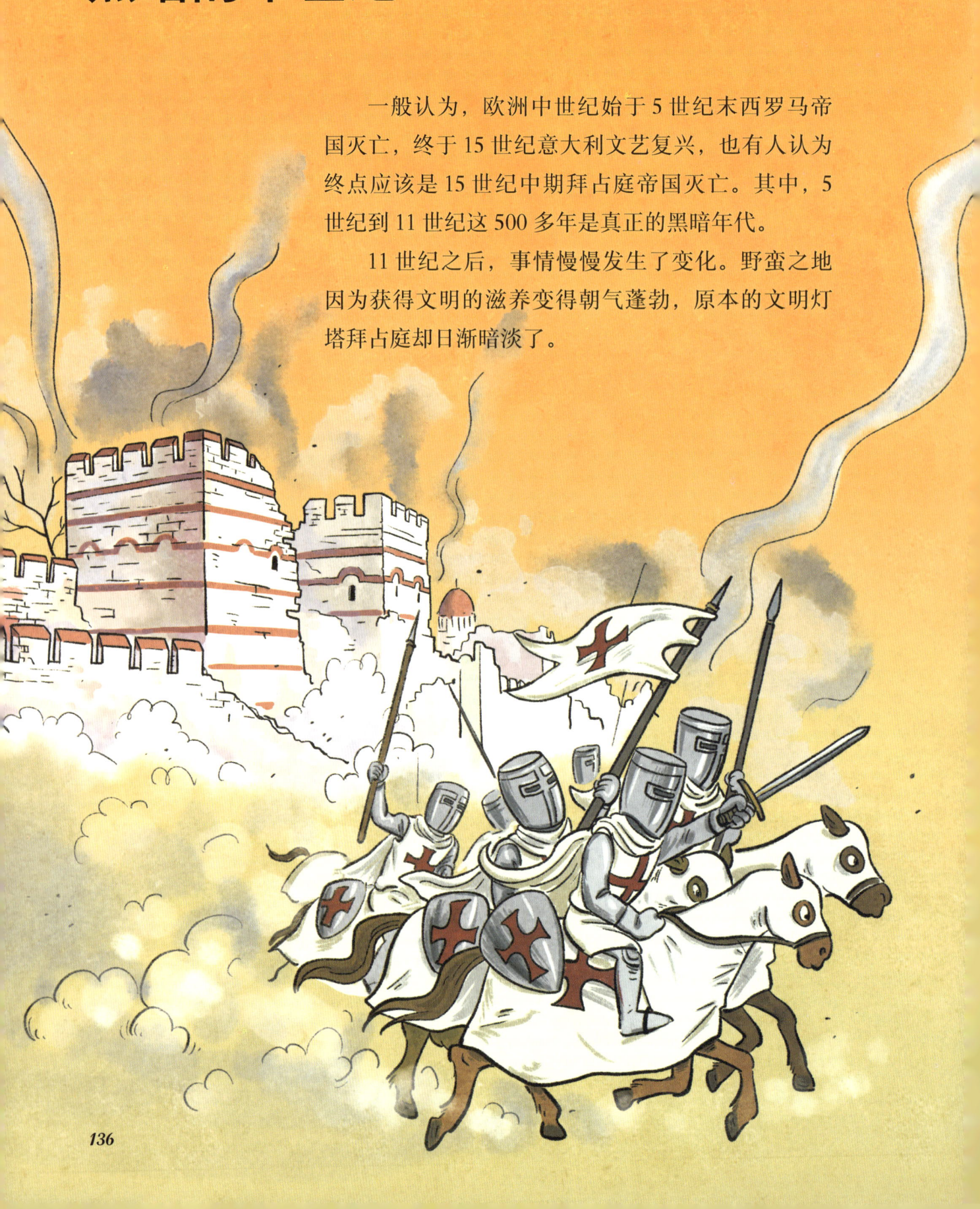

一般认为，欧洲中世纪始于5世纪末西罗马帝国灭亡，终于15世纪意大利文艺复兴，也有人认为终点应该是15世纪中期拜占庭帝国灭亡。其中，5世纪到11世纪这500多年是真正的黑暗年代。

11世纪之后，事情慢慢发生了变化。野蛮之地因为获得文明的滋养变得朝气蓬勃，原本的文明灯塔拜占庭却日渐暗淡了。

不会写字的杰出国王

公元476年,西罗马帝国最后一位皇帝被入侵的日耳曼人废黜,西罗马帝国灭亡。欧洲大部分地区被来自北方的"蛮族"占领,之后分化为几大王国,如西哥特王国、东哥特王国及法兰克王国。

"蛮族"没有文字,更不用说自然科学知识。久而久之,他们被基督教所教化,罗马教会开始成为欧洲中世纪的政治核心。

8世纪,法兰克王国出现了一位杰出的国王查理大帝。这位国王战功赫赫,通过不断征战统一了西欧大部分地区,建立了庞大的查理曼帝国。公元800年,他接受罗马教皇加冕,以"蛮族人"的身份成为"罗马人的皇帝"。

然而,这位英明的国王却不会写字。在那个时代的西欧,能够接受教育,学会读书写字的人非常少。国王幼年错过了学习的机会,成年后的他,尽管非常努力,请来博学的英国学者阿尔昆教导,最终也只学会了阅读。也许是为了弥补自身的遗憾,他积极兴办学校,聘请知名学者讲学,在修道院设立图书馆,提高国民的教育水平。

十字军东征对世界历史的影响

十字军东征始于公元1096年,由罗马教皇乌尔班二世发动。西欧的封建领主、骑士和平民在狂热的宗教情绪的鼓舞下,以收复被"异教徒"占领的圣城耶路撒冷为名,向东方发动侵略性远征。出征的人胸前和臂上都佩戴象征基督的十字标记,故称"十字军"。

在诸多因素的支配下,十字军东征延续了近200年。这场旷日持久的战争对欧洲历史产生了极大影响。十字军从东方带回了拜占庭人保存的希腊古典文献、阿拉伯人先进的科学,以及中国的四大发明。希腊文明、阿拉伯文明、阿拉伯人传播的中国文明,以及欧洲人继承的罗马文明得以交流和融合。最终,这场疯狂的宗教战争,推动了一种新文明的形成。

欧洲学术的复兴

12世纪，欧洲掀起了翻译阿拉伯文献的热潮。过去，希腊古典文献通常先被译为叙利亚文，再被转译为阿拉伯文，如今被再次转译为拉丁文。亚里士多德和柏拉图的哲学著作，欧几里得和托勒密的科学著作，开始为欧洲人所熟悉。

向阿拉伯人学习欧洲古典文化

这场翻译运动的中心在西班牙和意大利，因为这两个地区最接近阿拉伯文化区和希腊文化区。西班牙曾被阿拉伯人统治，这里保留了大批阿拉伯语的希腊文献。意大利因为地缘关系，与拜占庭一直保持密切的商业往来，因此当地许多人既精通阿拉伯语，又精通希腊语。

西班牙作为翻译中心，最杰出的人物是杰拉德。他从阿拉伯语翻译了托勒密的《天文学大成》，以及亚里士多德、希波克拉底和盖伦的部分著作。

经过这场翻译运动，当时已知的希腊科学和哲学文献都被译成了欧洲学术界通用的拉丁文，为欧洲的学术复兴奠定了基础。

大学的出现

11世纪之前,欧洲的教育机构主要是教会学校,主要职能是培养神父和教士。随着城市的兴起,也出现了一些世俗学校,但规模和课程设置都很有局限性。

早期的大学与现在的大学含义大不一样。它实际上是由教师和学生组成的行会,自主管理,自行设置课程,与教会学校相比更为自由和开放。

欧洲最古老的大学

公元1088年创立的博洛尼亚大学是欧洲最古老的大学之一。它起初是一个以讲授罗马法出名的讲学中心,后来由学生和教师组成行会,获得了政府颁发的特许状和一些世俗特权。

仿照博洛尼亚大学的模式,12、13世纪,欧洲各地先后出现了多所大学,有学生组织的公立大学,有教会开办的教会大学,还有国王创办的国立大学。我们熟知的牛津大学和剑桥大学都是教会开办的。

博洛尼亚大学

托马斯·阿奎那：用逻辑学解释神学

哲学一向被视为理性的代表，逻辑推理是它最重要的武器。用哲学的逻辑论证宗教教义，这种做法听起来很不"信仰"。但在基督教的历史上，这种情况很早就发生了。

中世纪前期，罗马神父圣奥古斯丁（354—430 年）将柏拉图主义哲学与基督教教义相结合，创立了教父哲学。大约在 9 世纪，教父哲学让位于经院哲学，用哲学推理的方式分析和解释基督教教义的做法成为主流。其中最杰出的人物是托马斯·阿奎那。他是德国学者大阿尔伯特的学生，后者最早试图将亚里士多德的学说与经院哲学相协调。

> **经院哲学**
> 即用推理的方式对基督教教义给出分析和解释。

上帝存在的证明

在欧洲哲学史上，有不少哲学家试图给出上帝存在的证明。比如，托马斯·阿奎那的做法是从后天的具体经验入手，反推上帝必然存在。他提出了五路论证逻辑，这里列举其中两路。

任何事物的运动都是由他物所推动，如此推论下去，必然有一个不受他物推动的第一推动者，即上帝。

任何事物作为结果必有其原因，如此推论，必然有一个第一原因，亦即上帝。

托马斯将亚里士多德的逻辑学运用到对神学的解说上，为其他学科树立了理性的榜样，实际上传播了希腊精神的火种。从天启信仰到理性判断这种思维习惯的转变，为近代科学的诞生准备了条件。

罗吉尔·培根

科学史上有两位著名的培根先生,都是英国人。这里要说的是 13 世纪的罗吉尔·培根,而不是说出名言"知识就是力量"的那一位,后者生活在 16 世纪伊丽莎白女王当政的时代。

罗吉尔·培根出身于一个十分富有的家庭。他先后在牛津大学和巴黎大学学习,博览群书,眼界开阔,极具批判和怀疑精神。他反对依照书本和权威来裁定真理,主张"靠实验来弄懂自然科学、医药、炼金术和天上地下的一切事物",被视为近代实验科学精神的先驱。

超越时代的人

罗吉尔·培根于公元 1267 年写出了他的三部著作:《大著作》《小著作》和《第三著作》。

在那个数学被认为与占星术密切相关,而占星术又被视为巫术的时代,罗吉尔·培根强调数学教育的重要性。

他发现儒略历的 1 年比实际的 1 年略长,每隔 130 年就会多出 1 天,这个缺陷直到 300 年后才被纠正。

他主张地球是圆的,估算了地球的大小,提出了环球航行的设想。这一思想影响了 200 年后的哥伦布,后者勇敢选择了与葡萄牙人截然相反的远航路线。

培根还谈到许多机械的制造和各种发明,欧洲人对火药的第一次记载就出现在他公元 1247 年写的一封信中。

培根的思想超越时代太远了。庇护他的教皇克莱门四世去世后,他马上遭到了迫害,公元 1277 年,被继任教皇投入监狱,坐了十几年牢,最终在贫病交加中死去。

城市兴起和教堂兴盛

在中世纪的欧洲，理论科学停滞不前，但技术仍在缓慢地进步，比较突出的一项是教堂建筑。

城市兴起

欧洲北部的贸易发展推动了航海技术的进步。农民和手工业者逐渐分离，交换产品的集市发展起来，商人和手工业者聚居形成了城市。大约在10世纪，欧洲各地城市大量兴起。鉴于教会独一无二的崇高地位，教堂在规模和高度上往往远超其他城中建筑，作为城市中心，控制着整个城市的空间布局。

教堂的样式

随着经济的复苏，简单的木结构样式被抛弃，新的教堂开始模仿往日罗马建筑恢宏的气势，许多早期的教堂建有圆屋顶和半圆的拱门。罗马式教堂的典型代表有意大利的比萨大教堂、法国的普瓦蒂埃圣母堂、德国的沃尔姆斯大教堂和美因茨大教堂等。

12世纪末，哥特式建筑最早在法国北部兴起。这些建筑通常都有高大的尖形拱门、高耸的尖塔和高大的窗户。存留至今的法国巴黎圣母院和兰斯大教堂、德国的科隆大教堂、英国的林肯大教堂、意大利的米兰大教堂，都是著名的哥特式建筑。

兰斯大教堂

◆ 第二章 ◆ 文艺复兴与地理大发现 ◆
古典文化在意大利复兴

大约在中国明朝时期（1368—1644年），欧洲发生了一场影响深远的思想文化运动。希腊、罗马古典时代的艺术和哲学在经历了"黑暗的中世纪"之后，重新焕发光彩，受到普遍的推崇，因此被称为"文艺复兴运动"，这种复兴最先出现在意大利各城邦。

佛罗伦萨

在意大利的商业贸易中心佛罗伦萨兴起了以弘扬人文主义为核心的文艺复兴运动，以复兴古典文化为手段，歌颂人性，反对神性；提倡人权，反对神权；提倡个性自由，反对宗教桎梏；赞颂世俗生活，反对来世观念和禁欲主义。

但丁·阿利吉耶里

揭开序幕的艺术家们

佛罗伦萨著名诗人但丁·阿利吉耶里（1265—1321年）揭开了运动的序幕。他的作品《神曲》将希腊古典时代的人物放在重要的位置，教会显赫人士却被打入地狱，显示了一种新的精神态度。

诗人彼特拉克（1304—1374年）的十四行体抒情诗，极力抒发人世间的情感，完全摆脱了经院哲学的束缚。

画家乔托（1267—1337年）最早破除传统呆板和简单的绘画风格，描绘生动鲜明的男女形象。

画家玛萨乔（1401—1428年）和建筑师阿尔伯提（1404—1472年）发现了远近透视规律。

雕刻家吉伯尔提（1378—1455年）和多那合罗（约1386—1466年）开始研究人体的构造。

这些都体现了一种新的视野，一种观察世界的新的眼光。

全面成熟时期

到了 16 世纪，意大利的文艺复兴运动进入全面成熟时期，杰出人物不断涌现。特别是在造型艺术方面，这个时期出现了许多空前绝后的艺术作品。

列奥纳多·达·芬奇（1452—1519 年）的《最后的晚餐》和《蒙娜丽莎》，米开朗基罗（1475—1564 年）的《创世记》和《最后的审判》，拉斐尔（1483—1520 年）的《西斯廷圣母》和《雅典学院》，波提切利（1445—1510 年）的《维纳斯的诞生》等作品不仅在创作技巧上炉火纯青，所表达的内容也洋溢着新时代的气息。

同时，这场伟大的运动开始向整个欧洲蔓延。它所宣扬的人文主义精神日益深入人心。西班牙的塞万提斯（1547—1616 年）和英国的莎士比亚（1564—1616 年）在文学领域将文艺复兴运动推上了又一个高峰。

> **莎士比亚的名言**
>
> "人是一件多么了不起的杰作！多么高贵的理性！多么伟大的力量！多么优美的仪表！多么文雅的举动！在行为上多么像一个天使！在智慧上多么像一个天神！宇宙的精华！万物的灵长！"莎士比亚这句名言是对人文主义思想的精彩概括。

天才达·芬奇

列奥纳多·达·芬奇公元1452年生于意大利佛罗伦萨附近的芬奇镇。在洋溢着创造力的文艺复兴时代,他是公认的天才。除了绘画、雕塑艺术方面的成就,他在工程技术、物理学、生物学、哲学、天文学方面的思想,在科学史上也具有划时代的意义。

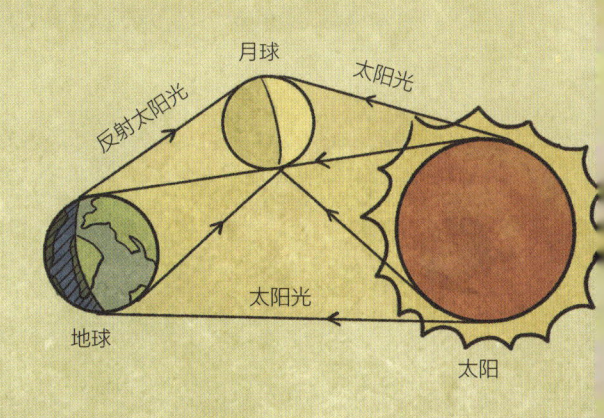

工程技术

据说,达·芬奇为米兰的天主教堂修建过一部升降机,还设计过降落伞、坦克和飞机。为了设计飞机,他研究过鸟的飞行。为了设计潜艇,他研究过鱼的游泳方式。

物理学

他发现了杠杆的基本原理,重新证明了阿基米德提出的流体静力学结论。

光学

他认识到人类的视觉来源于对外界光的接收,而不是从眼睛里向外发射光线。他绘制了一个眼睛模型,以说明外界光线如何在视网膜上形成图像。

天文学

他认识到地球也是诸多星体之一。整个宇宙是一部机器,按照自然规律运行。月球实际上是靠反射太阳光而发光,而地球也一定像月球一样可以反射太阳光。他还猜测,地球的结构可能存在长期缓慢地变化。

生理学

据说,他不顾罗马教会的反对,解剖了约30具尸体。由于具有解剖学经验,他在哈维之前就提出血液循环的构想,研究了心脏的功能和构造。他画过许多人体解剖图和物理实验示意图。这些图既是珍贵的艺术作品,也是重要的科学文献。

飞行器

罗盘、枪炮、印刷术和钟表

中国的四大发明所推进的技术的进步是欧洲产生近代科学的动力之一。在诸多技术发明中，罗盘、枪炮、印刷术和钟表的出现具有特殊的意义。罗盘使航海事业如虎添翼，促使全球走向一体。枪炮摧毁了欧洲封建领主的古堡，也轰开了世界各个角落的大门。印刷术使知识不再为少数人垄断。钟表则使人类生活进入了快节奏和人工化的时代。

罗盘

磁针罗盘最早于 13 世纪在欧洲出现。由于对航海的重要作用，罗盘制造技术发展很快，到 15 世纪，用于航海的罗盘已非常普及，人们认识到磁针所指与真正的南北极方向有微小差异。

枪炮

枪炮的出现与铸铁技术的高度发展和火药配制技术的提高密切相关。中国人发明的火药可能是先通过阿拉伯人再通过十字军被带到欧洲。早期的火炮外形是用铁条箍成的筒形，到公元 1350 年已主要用青铜浇筑，后改为生铁铸造。用引火线点燃的火绳枪大约在同一时期出现，到 16 世纪被改进成用燧石扳机打火。

火器的出现促进了人们对弹道学的研究，这方面的研究是近代力学的基础性工作。此外，火器的大规模使用也开了近代技术标准化之先河。

谷登堡印刷术

蒙古人入侵欧洲，也把中国的印刷术带了过去。欧洲人结合自己的文字形式对其做了改进。出生于德国城市美因茨的工匠谷登堡于公元 1436 年至公元 1450 年间用金属活字印刷术印出了极为精美的书籍，是欧洲活版印刷术的发明者。

越来越准的钟表

中世纪后期欧洲出现了摆轮钟，以重锤的引力作为动力。13 世纪的欧洲大教堂都安装这种摆轮钟。现存最早的教堂摆钟是多佛摆钟，安装于 1348 年。摆轮的摆动受制于动力机构中摩擦力的影响，因此摆轮钟精度不高。

16 世纪末，近代科学的先驱伽利略发现了单摆的等时性。17 世纪的荷兰物理学家惠更斯运用这一原理制造了第一架座钟。单摆的摆动本身不受驱动力影响，使摆钟的精度大大提高。

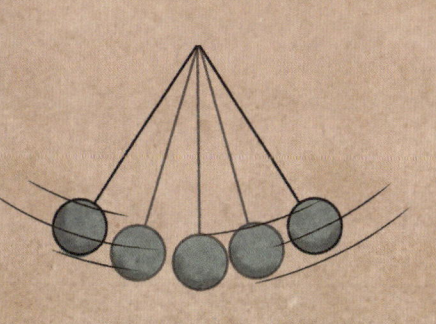

在大海上航行需要知道船所在的地理位置，即经度和纬度。测定经度需要比较不同地方的当地时间，这需要携带在当地校准过的时钟。当时的摆钟都经不住海上的摇晃。有人尝试用发条做动力，用摆轮做等时器。第一个制造出靠发条驱动的钟表的也是物理学家惠更斯。

到了公元 1761 年，英国人约翰·哈里森制造出了高精度的航海时计，在 9 个星期的航行中，误差只有 5 秒。而 100 年前惠更斯制造的钟，最好的精度是每天差 5 分钟。

寻找遥远的黄金之国

13世纪以前，欧洲人对周围世界的了解十分有限：对北非和亚洲近东熟悉一些，对遥远的中国印象模糊，对美洲则一无所知。

《马可·波罗游记》

公元1271年，出生于意大利威尼斯的马可·波罗（约1254—1324年）跟着父亲和叔叔沿陆路去东方旅行，花了4年时间，终于在公元1275年抵达中国元朝上都（今内蒙古多伦西北）。

公元1292年，马可·波罗经由海路回国，将自己的经历口述，由他人笔录写成了《马可·波罗游记》一书。书中记述的中国的繁荣富足给欧洲人留下了深刻的印象。当时东西方的往来都要经过阿拉伯世界，欧洲与东方的贸易基本由阿拉伯商人垄断。马可·波罗描绘的东方财富对狂热寻找黄金的欧洲商人太有诱惑力了，他们迫切想要寻找通往东方的新航路。

亚速尔群岛（公元1432年占领）
马德拉群岛（公元1419年占领）
佛得角（公元1445年到达）

葡萄牙人航行到印度

最早开始行动的是葡萄牙人。他们开辟的航线是沿非洲西海岸向南，绕过非洲最南端的好望角，驶入印度洋，到达非洲东岸的莫桑比克，再向东航行，最终抵达印度西南海岸的港口。

好望角（公元1487年到达）

从印度归来的船队

公元 1499 年，葡萄牙人达·伽马的船队从印度返回祖国。此时距他们离开葡萄牙已经过去了快两年。返航的船上满载香料、丝绸、宝石和象牙，获利达航行费用的 60 倍，但出发时的 170 人只剩下 55 人。这次艰苦卓绝的远航打破了阿拉伯人对海上贸易的垄断，让葡萄牙人夺得了东方贸易的控制权。

达·伽马

不曾远航的航海家

恩里克亲王（1394—1460 年）是葡萄牙航海史上极为重要的一个人物。他未曾参加过远航，但是远航最积极的倡导者。从葡萄牙到印度的航线上的重要据点马德拉群岛、亚速尔群岛、佛得角都是他派出的船队发现的。在他去世后，葡萄牙的海上探险中断了 40 多年。

假如郑和的船队绕过好望角

明代航海家郑和曾于公元 1405 至公元 1433 年七次带领船队远航，四次到达非洲东海岸，最远到过莫桑比克海峡附近。假如郑和的船队继续往南，绕过好望角到达欧洲，世界会变成什么样？

好望角名称由来

公元 1487 年，葡萄牙人巴特罗缪·迪亚士率领船队到达非洲最南端，正遇上暴风雨，就将新发现的岬角称为"暴风角"。当时的葡萄牙国王裘安二世认为这个岬角是通往东方世界的希望之角，于是改称"好望角"。

意大利人哥伦布抵达美洲

与葡萄牙人开辟的向东的航线相反，意大利人克里斯托弗·哥伦布（约1451—1506年）相信向西航行可以更快地到达亚洲。他的依据是罗吉尔·培根关于大地是圆球的观点以及古希腊天文学家托勒密计算出的地球周长。

托斯卡内利

哥伦布

到达印度群岛

意大利著名医生和地理学家托斯卡内利与哥伦布有过交流。哥伦布相信亚洲位于欧洲以西3 000英里（约4 828千米），两块大陆之间隔着大西洋，并给出了一幅地图。西航计划于公元1482年被呈送给葡萄牙王室，但葡萄牙地理学家认为他大大低估了欧亚大陆之间的距离。几年后，他将这个计划转呈西班牙王室，几经周折终获资助。

公元1492年8月，哥伦布率领三艘大船由西班牙巴罗斯港启航。船队驶过加那利群岛，进入当时完全未知的大西洋海域，经过一个多月的航行，于10月到达巴哈马群岛中的圣萨尔瓦多岛。但哥伦布以为自己到了亚洲，这里是马可·波罗所说的印度群岛，因此把当地居民称为"印第安人"，意为"印度居民"。他在这里没有找到传说中的黄金，最终于公元1493年3月无功而返。

哥伦布

到不了的亚洲

公元 1493 年 9 月，哥伦布第二次西航来到北美，仍未找到黄金之国。

公元 1498 年，哥伦布第三次西航到达南美，结果依旧令人失望。此时，达·伽马抵达印度的消息传来，哥伦布沦为"骗子"，被西班牙国王投入监牢。

获释之后，哥伦布第四次西航，还是一无所获。

公元 1506 年 5 月 20 日，哥伦布在贫病交加中离世，至死都认为自己到了亚洲。

> 我到的肯定是亚洲！

哥伦布

西印度群岛名称的由来

因为达·伽马发现了真正的印度，哥伦布发现的"印度群岛"被改名为"西印度群岛"。我们比较熟悉的古巴和牙买加就在这一区域。

亚美利哥

谁发现了新大陆？

意大利人亚美利哥（1454—1512 年）是哥伦布的追随者之一。他起先为哥伦布做供应工作，后来亲自参加了去大西洋西岸的航行。他敏锐地意识到哥伦布所发现的可能是一块新的大陆，在这块大陆与亚洲之间还隔着一个大洋。

法国一位地理学家偶然读到亚美利哥写给朋友的信，误以为是他发现了新大陆，便在自己绘制的地图上将新大陆命名为"亚美利加"。此后以讹传讹，约定俗成，新大陆的名字就这样流传开来。当西班牙人认识到哥伦布的伟大，想以"哥伦比亚"替代"亚美利加"时，已经来不及了。

> 就叫亚美利加吧！

葡萄牙人麦哲伦的环球航行

哥伦布的发现使人们意识到新大陆和亚洲之间还隔着一片大海。这片大海面积究竟有多大？当时还无人知晓。

西班牙人巴尔沃亚（1475—1519年）追随哥伦布的脚步来到加勒比海的岛屿。公元1513年9月，他在当地居民的引导下穿过巴拿马地峡，从山顶上看到了西面的茫茫大海，他称之为"大南海"。既然大西洋和"大南海"仅为一条狭窄的地峡所隔，为什么不将其挖通，让两大洋连起来呢？他头脑中冒出了这样的想法。

4年后，在本国郁郁不得志的葡萄牙人费尔南多·德·麦哲伦（约1480—1521年）来到西班牙，声称要继承哥伦布的事业，向西航行到达真正的东方。

太平洋的发现及其名称的由来

在西班牙国王的支持下，公元1519年9月，麦哲伦率领五艘船由西班牙圣卢卡尔港启航。船队经过非洲西北海域的加那利群岛向南，到达巴西的里约热内卢。之后继续南下，直到公元1520年10月才找到南美大陆最南端的麦哲伦海峡，从那里进入广阔的"大南海"。海面风平浪静，船队向西北方向航行了3个月，都没有遇到过暴风雨和海浪的袭击，于是他们将这片海域改称"太平洋"。

抵达香料群岛

公元1521年3月,挺过饥饿和疾病的麦哲伦船队抵达关岛,月底到达菲律宾群岛。4月初,在菲律宾的宿务岛,麦哲伦介入当地居民的内讧,被杀身亡。余部死里逃生,于当年11月航行到他们的目的地——盛产香料的马鲁古群岛。

巴尔沃亚

消失的一天

在欢迎船队归来的庆功会上,船员们被告知当天是9月6日,但航海日志上的记录是9月5日。人们不久就明白了,这是他们绕地球向西航行一周造成的。今天在太平洋上设立国际日期变更线,就是为了解决这一问题。

好望角

绕地球一周归来

这支船队返程时选择了葡萄牙人开辟的航线,经马六甲海峡横越印度洋,绕好望角北上归国。公元1522年9月,船队绕地球一周回到出发地圣卢卡尔港。历时3年,出发时的五条船只回来一条,260多名水手中只有18人生还。

麦哲伦船队的环球航行无可争辩地证明了我们生活的大地确实是个圆球,向世人展示了地球真实的地理构成,在人类科学史上具有划时代的意义。

费尔南多·德·麦哲伦

◆ 第三章 ◆ 哥白尼革命 ◆
中世纪的宇宙结构

当你仰望星空，你是否觉得天空像一口奇大无比的锅，倒扣在大地上？这是一种非常自然的感受，中国古代民歌《敕勒歌》里就有"天似穹庐，笼盖四野"的描述。

中世纪前期：宇宙是一顶大帐篷

古代犹太人也有类似的宇宙图景，只是多了点宗教色彩。他们认为宇宙是一顶大帐篷，天是篷盖，地是篷底，圣地耶路撒冷位于篷底中央，日月星辰悬于盖上。由于基督教会独一无二的崇高地位，这种原始的宇宙图景在欧洲中世纪前期大行其道。

中世纪后期：上帝是宇宙的第一推动者

到了中世纪后期，托马斯·阿奎那将亚里士多德的学说融入基督教神学，古希腊天文学的"地心说"获得了正统地位。这个理论被赋予了宗教意味：不朽的上帝位处宇宙最外层，推动着整个宇宙的运行，人类居住的地球位于上帝的怀抱之中，沐浴着圣恩。

哥白尼

业余天文学家哥白尼的新宇宙构想

尼古拉·哥白尼公元1473年生于波兰的商业名城托伦，10岁丧父，由舅父抚养长大。18岁时，他被送入克拉科夫大学学习医学，先后又去了意大利的博洛尼亚大学和帕多瓦大学，攻读法律、医学和神学。在大学里，受天文学家诺瓦拉的影响，他对天文学产生了浓厚兴趣，并系统钻研了古希腊的天文学理论，但一生中从未作为职业天文学家从事天文研究。

青年时期，哥白尼有很长一段时间在给担任主教的舅父当秘书。成为教堂神父后，他长期负责管理教会财务，深入研究过货币，曾作为地区经济代表参加御前会议。

哥白尼

简洁即正义

哥白尼所做的工作，简单地说，是把希腊传统的同心球宇宙模型的中心由地球换成了太阳。这么做有什么必要？当时并没有出现"地心说"体系无法解释的颠覆性的天文观测证据。事实上，经过历代天文学家孜孜不倦的修补，在整合、解释新的天文发现方面，"地心说"体系具有极强的包容性。比如，在预测行星运动以及日食月食上，日心说就不如地心说精确。

雷提卡斯

问题在于，经过上千年的修补，这个模型已经变得庞大臃肿，完全背离了希腊科学和数学传统所追求的简洁之美。反过来，仅仅因为数学上的简洁性，哥白尼简陋的"日心说"体系一经发表，就俘获了一大批科学家的心。

公元1541年，哥白尼委托雷提卡斯负责出版《天球运行论》一书

"轮子"太多了！

为了解释实际观测到的天文数据，公元前 2 世纪的希腊天文学家希帕克斯就开始给同心球宇宙模型打补丁，叫作"均轮 – 本轮组合"。到了哥白尼的时代，轮子数已增加到 80 多个。此外，由于引入了偏心圆、偏心匀速点等新补丁，地球实际上已不在这个宇宙模型的中心，只有地球静止不动和天体做匀速圆周运动这两点还维持着。

哥白尼以太阳作为同心球的中心，将月亮视作地球的卫星，轮子的数量减少到 34 个，天体的正圆运动更容易保持，几乎所有轮子都朝同一方向运行，偏心匀速点也用不上了。

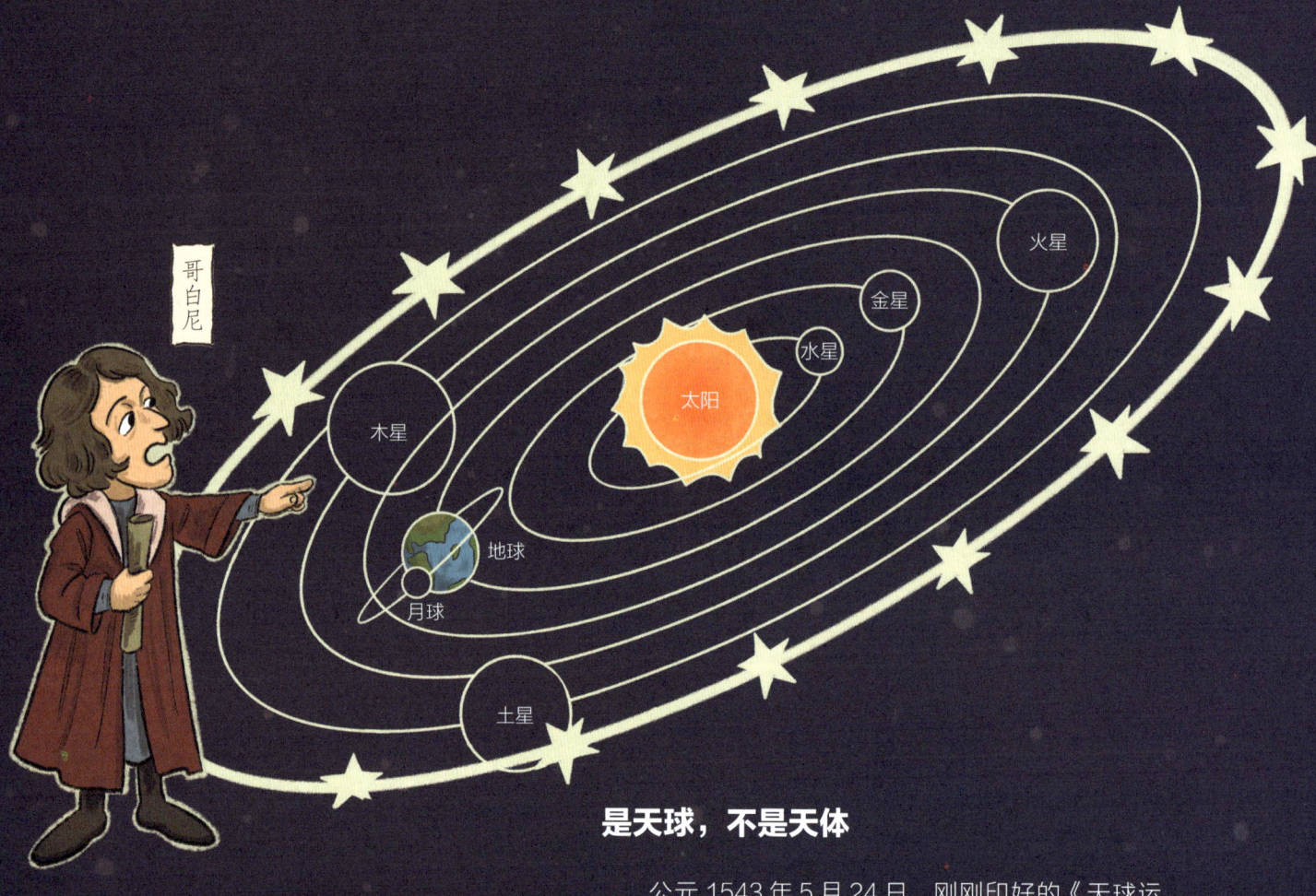

是天球，不是天体

公元 1543 年 5 月 24 日，刚刚印好的《天球运行论》送到了哥白尼跟前。

《天球运行论》在中国国内一直被译作《天体运行论》，这个译名不准确。拉丁文书名中的"orbium"一词，在哥白尼那里是带动天体运行的透明"天球"，并不是我们今天理解的"天体"。自古希腊至哥白尼，西方天文学家对天球的存在都坚信不疑。在哥白尼的书里，绕太阳公转的地球仍被镶嵌在一个天球上。

哲学家布鲁诺的无限宇宙

乔尔丹诺·布鲁诺公元1548年生于意大利那不勒斯附近一个贫苦家庭，17岁进入修道院，之后全凭自学成为一名知识渊博的学者。受时代精神的影响，他对基督教中世纪的一切传统都持怀疑态度。哥白尼宇宙体系中蕴含的革新精神强烈地感染了他，宣扬日心说以至进一步宣扬宇宙无限的思想，成了他终生的事业。

乔尔丹诺·布鲁诺

布鲁诺之死

公元1600年，布鲁诺被罗马天主教会判处火刑，主要罪名是坚持异端邪说，攻击教会及其基本教义。同年2月17日，布鲁诺走向鲜花广场上架好的柴堆，为坚持思想和信念献出了生命。

无限宇宙

从封闭世界到无限宇宙

哥白尼的宇宙体系保留了传统的天球概念，仍是个封闭的有限世界。但在这个新体系中，地球成为行星之一，原本的天地界限被打破了。宇宙中心的转变，暗示了宇宙可能根本没有中心。

英国哲学家托马斯·迪吉斯在《天球运行的完整描述》一书中宣称，恒星层可以向上无休止地延伸。恒星不一定都处于同一球面上。只是因为恒星离我们太遥远，地球上的人才觉察不出来。他实际上含糊地说出了宇宙的无限性。

布鲁诺走得更远。他在哲学著作《论原因、本原和太一》及《论无限、宇宙与众世界》中提出：宇宙是统一的、物质的、无限的，太阳系之外还有无限多个世界。太阳也在运动，它并非宇宙的中心，无限的宇宙没有中心。布鲁诺通过哲学思辨得出的宇宙无限性观念，在思想史上具有无比重要性，整个近代的宇宙论革命，就是从封闭的世界走向无限的宇宙。布鲁诺超前于时代太多了，他所描述的宇宙图景差不多300年后才得到科学界的公认。

天才天文观测家
第谷·布拉赫

第谷《论新星》中的仙后座星图

在反对哥白尼宇宙体系的天文学家中，第谷·布拉赫（1546—1601年）是最有名的一位。他清楚日心说的优点，但因循守旧，拒绝接受地球运动的概念。然而，他的天文观测工作却为哥白尼学说的发展开辟了道路。

布拉赫出身于丹麦一个贵族家庭，13岁进入哥本哈根大学学习法律和哲学，因为参加了一次日食观测，对天文学产生浓厚的兴趣，便改学数学和天文学。从17岁起，他开始自己购买仪器进行观测。他在天文观测领域的主要成就包括：

第谷设计的六分仪

发现新星

公元1572年11月11日，布拉赫发现仙后座出现了一颗前所未见的明亮新星（实际上是一颗超新星），运用观测数据确认这是一颗距离地球相当遥远的恒星。在之后发表的论文中，他首次使用了"新星"一词。他的发现证明天空并不像亚里士多德所说的那样完美不变。

发现开普勒

据说第谷脾气很不好，丹麦的新国王不愿资助他的工作。他于是接受德国国王的邀请，迁往德属的布拉格新区。在这里，他发现了开普勒并收其为助手。

观测彗星

公元1577年，第谷观测了当时出现的一颗巨大的彗星，证明它比月亮遥远。他还发现，彗星的轨道不可能是正圆的。

维文岛天文台

发现新星让第谷声望大增。丹麦国王腓特烈二世拨巨款为他在汶岛上修建了一座天文台，于公元1580年落成。第谷在这里工作了近20年，他的天象记录几乎包罗了望远镜发明之前肉眼所能观测到的全部。

天文堡

历法改革

第谷积累的系统、精确的观测材料，为历法改革奠定了基础。公元1582年，基督教世界沿用了1000多年的儒略历被格里高利历取代。

天空立法者开普勒

在哥白尼的宇宙体系里，行星们遵循希腊天文学的传统，依旧嵌在各自的天球上做正圆运动。太阳只是天球们共同的中心，还不是行星运行轨道的中心。

太阳系这个概念真正确立是开普勒。行星按照开普勒发现的规律有条不紊地遨游太空，他因此被誉为"天空立法者"。

约翰尼斯·开普勒公元 1571 生于德国南部的瓦尔城。幼时得过天花，手眼留下轻度残疾。为了谋一份牧师的工作，他来到图宾根大学学习神学。求学期间，他显示了出众的数学才华。图宾根大学的天文学教授米切尔·麦斯特林是哥白尼学说的同情者。开普勒从他那里得知了哥白尼的宇宙体系，立即被其在数学上的和谐所倾倒。

天马行空的数学宇宙

在奥地利期间，开普勒曾构思过一个宇宙模型，由柏拉图的 5 种正多面体和 6 大行星轨道所在球体相互嵌套而成。这个模型没有多少理论价值，但可以看出，对数的和谐的追求始终支配着他对天空的探索。

神秘的火星

受第谷·布拉赫之邀，开普勒于公元 1600 年来到布拉格的鲁道夫宫廷工作。依靠布拉赫积累的观测数据，他巧妙地算出了六大行星的运行轨道，之后进一步总结行星运动遵循的数学规律。他选中了火星作为突破口。因为布拉赫留下的资料中火星的数据最丰富，而且，火星的运行与哥白尼理论出入也最大。三大开普勒定律的前两条最初发表时，其实是对火星运动规律的表述，后来才被推广到太阳系所有行星。

开普勒在《宇宙的奥秘》中设想的宇宙的模型

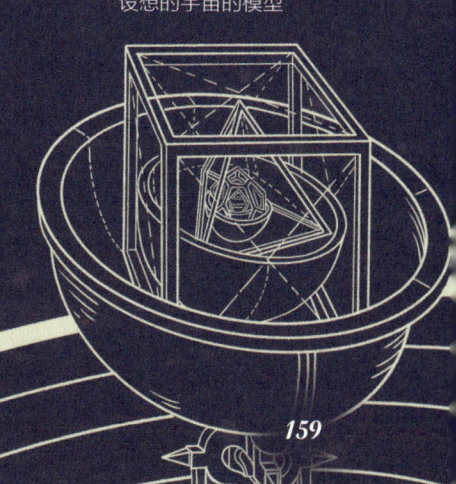

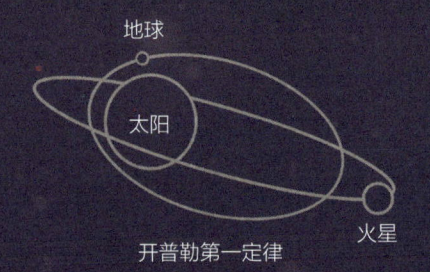

地球
太阳
火星
开普勒第一定律

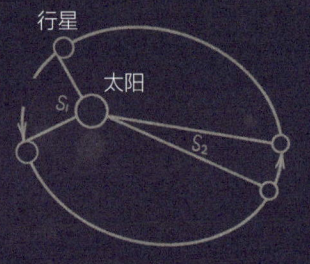

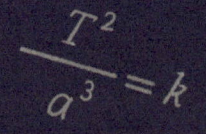

行星
太阳
S_1 S_2
开普勒第二定律

$$\frac{T^2}{a^3}=k$$
开普勒第三定律

椭圆定律

开普勒发现行星运动的轨道只能是椭圆形的,并且以太阳为焦点。这就是开普勒第一定律,又称"椭圆定律"。椭圆轨道的引入为希腊古典天文学画上了句号。天体只会做完美匀速圆周运动的概念被抛弃,行星附着的天球化为乌有,太阳真正成了引导行星运动不息的力量源泉。

最后一个天球

开普勒用不完美的椭圆轨道否定了行星天球的存在,但依然保留了恒星天球。他不同意布鲁诺的无限宇宙,认为它有悖于数学的秩序与和谐。而且,在现实层面,任何被观测到的天体都处在有限的距离,无限宇宙只是形而上学的命题。

贫穷的天文学家

大学毕业后,靠麦斯特林的推荐,开普勒来到奥地利,在格拉茨大学当数学和天文学讲师。由于薪水很少,他不得不靠编制占星历书养家糊口。即使后来成为宫廷天文学家,日子也没宽裕多少。公元 1630 年 11 月 15 日,在去索要拖欠了 20 余年的欠薪时,他感染伤寒死于途中。

最完备的星表

为天空"立法"之后,开普勒遵从第谷·布拉赫遗愿,编订了《鲁道夫星表》(公元 1627 年出版)。这是当时最完备最准确的一部星表,在以后的 100 多年里都被天文学家和航海家奉为经典。

◆ 第四章 ◆ 新物理学的诞生
假设地球绕着太阳转

日心说体系发展到开普勒这里，留下以下三个难题，亟待新的物理学理论和新的技术发明来解答。

地动抛物

如果地球由东向西绕太阳转动，那么，我们向上跳起后双脚为何会落回原地，而不是落在起跳位置西边一点？

恒星视差

如果地球绕着太阳转，那么，当地球处在自己轨道上相对两点，这两点的距离是个非常大的数，理论上我们应该能观测到恒星相对于其背景的位置差异。为什么我们没有观测到？

是什么把行星束缚在太阳周围

开普勒发现了行星运动的规律，行星为什么能被束缚在太阳周围，绕太阳做规则运动？

近代物理学之父伽利略

你可能也读过伽利略在比萨斜塔上做实验，证实"两个铁球同时着地"的故事。这位被誉为"近代物理学之父"的科学家非常擅长利用设计巧妙的实验发现事物之间的数学关系。

伽利略公元 1564 年生于意大利的比萨，父亲是当地有名的音乐家和数学家。他 17 岁进入比萨大学学习医学，后因痴迷数学，未取得医学学位。对欧几里得几何学和阿基米德物理学的研究使他声名远播，年仅 25 岁就被授予比萨大学数学教授的职位。

摆的等时性

传说他还在比萨大学读医学时，有一次在教堂做礼拜，晃动的吊灯引起了他的注意。他发现，不管摆动幅度是大是小，摆动一次的时间总是相等的。他用脉搏计时，验证了自己的发现。回到家后，他动手做了两个长度一样的摆，让一个摆幅大一些，另一个小一些，结果准确地证实了他的发现。

两个铅球同时着地

伽利略所开创的近代物理学基于当时许多物理学家的贡献。"两个铁球同时着地"的实验，荷兰物理学家斯台文在他之前做过一个类似的，不过用的是两个铅球。

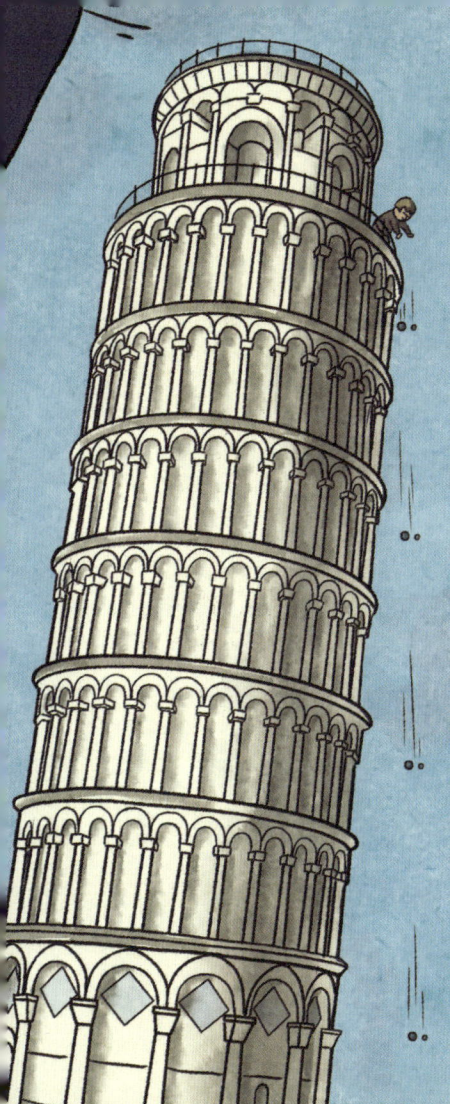

两个铁球同时着地

站在高塔上，同时往下丢两个物体，哪个会先落地？古希腊哲学家亚里士多德回答：这由重量决定，重的东西先落地。这符合一般人的经验：石头比羽毛更快落地。伽利略明智地选了两个重量有明显差异的铁球做实验。结果证明，两个铁球同时着地，自由落体速度跟重量无关。进而可以推论：石头确实比羽毛更快落地，但这并不是因为石头更重，而是有别的原因。

斜面实验

物体坠落的速度跟其重量无关，那跟什么有关呢？因为无法直接测量这个速度，伽利略想到了斜面，自由落体运动可以被看成倾角为 90° 的斜面运动的特例。

他做了一个长 6 米多，宽 3 米多的光滑的木槽，把木槽倾斜固定，让铜球从木槽顶端滚下，测量铜球每次滚下的时间和距离，研究二者的数学关系。结果证明，铜球从斜面滚落的距离和时间的平方成比例。正是在这个实验的基础上，他建立了匀速运动和匀加速运动的定量概念。

地球仍在转动呀

伽利略的著作《关于托勒密和哥白尼两大世界体系的对话》在出版后不久就遭到罗马教会查禁。罗马教廷判处他终身监禁，且禁止任何人出版他的任何著作。据说在宣判之后，这位年近 70 岁的老人喃喃自语："可是地球仍在转动呀！"

维维安尼

月亮上的山脉

公元 1608 年，在荷兰眼镜匠利帕希的店里，一名学徒随意拿起两个透镜片在眼前对着看，结果发现远处的物体变得近在眼前，而且很清晰，便将这件怪事告诉了师傅。利帕希经过试验，将两个透镜片装在筒里，制成了人类历史上第一架望远镜。

次年，伽利略经过反复改进，造出了一架能放大 30 倍的望远镜。凭借这架望远镜，他发现了月亮上的山脉和火山口，之后又发现了木星的 4 颗卫星。这一发现证明并非只有地球才有天体绕着转动。

公元 1612 年，他用望远镜发现了太阳黑子，并从黑子的缓慢移动推断出太阳的自转周期为 25 天。

伽利略

磁学研究的先驱吉尔伯特

威廉·吉尔伯特公元1544年5月生于英国埃塞克斯郡的科尔切斯特，终生未婚，他将闲暇全都用于搞物理实验，被视为磁学研究的先驱，著有《论磁》一书，但他正式的职业是医生。他在剑桥大学获得医科学位，公元1600年被任命为皇家医学院院长，还曾被聘为伊丽莎白女王的宫廷医生。

威廉·吉尔伯特

地球是一块大磁石

吉尔伯特发现了磁倾角，即当小磁针放在地球上除南北极之外的地方时，它会朝地面稍稍倾斜。今天我们知道，这是地磁极吸引的结果。吉尔伯特的天才之处在于，他由磁倾角推测出地球是一块大磁石。他用球形磁石做了一个模拟实验，证明了磁倾角的确源于球状大磁石。

发现静电

吉尔伯特注意到，除了磁力，自然界还有其他类型的吸引力，比如琥珀摩擦后能吸住细小物体，其他许多物体经摩擦也会产生吸引力。他将这类吸引力归结为"电"力，用希腊文琥珀（elektron）一词创造了"电"（electricity）这个新词。吉尔伯特还制成了第一台验电器，用它证明了离带电体越近，吸引力越大。

吉尔伯特的研究揭示了自然界存在某种普遍的相互作用。在他的思想激励下，人们开始寻求迫使行星规律运行的力。

威廉·吉尔伯特

伊丽莎白女王

奇妙的真空

看到"真空"这个词，你想到了什么？自然界真的存在没有任何物质的空间吗？现在我们知道外太空的环境非常接近真空。但在伽利略的时代，科学家对太空的认知还没到这个层面。他们想的是设法在地球上制造真空。在这个过程中，他们证明了大气压力的存在。

第一个气压计

托里拆利注意到水银柱高每天略有变化，他解释这是因为空气重量每天都有变化。这根水银柱实际上成了气压计。

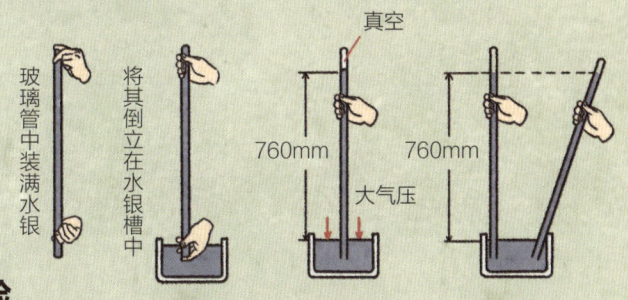

玻璃管中装满水银　将其倒立在水银槽中　真空　760mm　大气压　760mm

托里拆利实验

公元 1643 年，伽利略的两个学生，后来的意大利物理学家托里拆利和数学家维维安尼一起在佛罗伦萨做了个实验。

托里拆利在一根 4 英尺（约 1.22 米）长的一端封闭的玻璃管内注满水银，用手堵住开口将管子倒立着放入水银盘中，松开手后，水银向下流，当水银柱高约 30 英寸（约 760 毫米）时，流动停止了。

托里拆利认为，管中的水银柱不再变矮，是因为空气压着盘中的水银。空气质量有限，能支撑的水银柱高也有限，倒立着的管子里水银下降后空出来的那一段就是真空。

布莱兹·帕斯卡

帕斯卡多姆山实验

法国科学家和哲学家帕斯卡用红葡萄酒重复了托里拆利的实验。他进一步想到，如果水银柱真的是被空气压力顶住的，在海拔较高的地方，空气压力小，水银柱高度也应有变化。帕斯卡从小体弱多病，不能登山，只得拜托亲戚带着两个水银气压计登上当地的多姆山做试验，果然在 1 英里（约 1 609 米）高处水银柱下降了 3 英寸（约 7.62 厘米）。这个实验进一步支持了托里拆利关于大气压力的观点。

马德堡半球实验

德国人关于真空问题的研究几乎与意大利人和法国人同时，最终诞生了著名的马德堡半球实验。实验设计者是德国工程师兼马德堡市长盖里克。

公元 1654 年，在德皇斐迪南三世和国会议员面前，盖里克给两个直径约 1.2 英尺（约 36 厘米）的铜制半球涂上油脂，对接好，再将球内抽成真空。然后，他让两个马队分别拉一个半球，最终用了 16 匹马才将两个半球拉开。这个实验使真空和大气压力的概念广为人知。

羽毛和铅块同时落地

还记得伽利略"两个铁球同时落地"的实验吗？由于空气会妨碍落体的自然运动，要证明任何物体的下落速度都与其轻重无关，这个实验须在真空中进行。波义耳在助手胡克的帮助下改进了空气泵，在自己制造的真空里证明了伽利略的观点。在抽去空气的透明圆筒里，羽毛和铅块果然同时着地。

波义耳 - 马略特定律

爱尔兰人波义耳被誉为近代化学的奠基人，他在力学方面也做出了重要贡献。为了更清楚地证明空气压力的存在，波义耳在公元 1662 年做了一个实验：他用了一端封闭的弯管，将水银从开口的一端倒入，使空气聚集在封闭的那一端。随着他不断地倒入水银，那端的空气柱体积变小，但其支撑的水银柱更高了。这表明，空气受到压缩时，可以产生更大的压强。压强越大，空气体积越小，压强与空气体积成反比。这个定律后来又由法国物理学家马略特独立发现，故用他们两人的名字命名。

研究弹簧的胡克

罗伯特·胡克公元 1635 年生于英国怀特岛一个牧师家庭，幼时体弱多病，且因患天花落了一脸麻子。他从小未受过什么教育，但聪明好学，心灵手巧，被波义耳聘为助手时还不到 20 岁。

胡克在物理、生物、天文学领域均有所发现，最著名的是用显微镜发现植物细胞，以及提出光的波动学说。这些会在后面谈到。现在先来看看他与弹簧的故事。

胡克定律

你有没有玩过弹簧？无论是拉长还是压紧，弹簧总是会嘣的一声弹回原状。胡克通过实验发现，这种使弹簧恢复原状的力，其大小与弹簧离开平衡位置的距离成正比。这就是现在众所周知的胡克定律。

他还认识到，弹簧被外力拉离平衡位置后，若撤除外力，它会在平衡位置附近作周期性伸缩，伸缩的时间间隔相等。这一发现很有实用价值。人们从此可以不再用笨重的钟摆而用小弹簧作为等时装置，手表和小闹钟里的游丝就是这样的小弹簧。

罗伯特·胡克

德高望重的惠更斯

克里斯蒂安·惠更斯是与牛顿同时代的一位伟大的物理学家,他公元 1629 年生于荷兰海牙的一个政府要员之家,受过良好的教育,在数学上天分出众,曾发表关于概率论的著作。但他对自然科学更有兴趣,在多个领域都有重要建树。

惠更斯生前名满欧洲学界,牛顿由衷地用"德高望重"来评价他。他曾被英国皇家学会推选为元老会员,法国国王路易十四也曾重金聘请他到法国。

发现猎户座星云、土卫六及土星的光环

公元 1656 年,惠更斯利用望远镜发现了猎户座星云,以及土星的一颗卫星——土卫六,将其命名为泰坦(希腊神话中的大力神)。同年,他还发现了土星的光环,并注意到由于光环面相对于地球轨道面倾斜,周期性地侧对着地球,致使无法从地球上看清它。

第一架摆钟

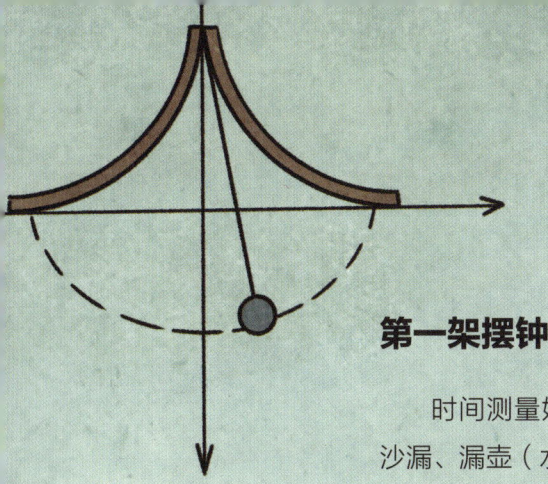

时间测量始终是摆在人类面前的一个难题，古人发明的日晷、沙漏、漏壶（水钟）等均不能在原则上保持精确，直到伽利略发现了摆的等时性。惠更斯进一步发现，单摆只是近似等时，真正等时的摆动轨迹不应是一段圆弧，而应是一段摆弧。他创造性地让悬线在两片摆线状夹板之间运动，这样的摆动就是一段摆弧。他将这个发现运用于设计，于公元 1656 年造出了人类历史上第一架摆钟。

"活力"守恒原理

大约在公元 1669 年，惠更斯提出了解决碰撞问题的一个法则，即"活力"守恒原理：由两个物体组成的系统中，物体质量与运动速度的平方之积被称为该物体的活力；在碰撞前后，两个物体的活力之和保持不变。该原理只在完全弹性碰撞时才成立。可以说，"活力"守恒法则是能量守恒原理的先驱。

离心力公式

惠更斯还提出了著名的离心力公式：一个做圆周运动的物体具有飞离中心的倾向，它向中心施加的离心力与速度的平方成正比，与运动半径成反比。牛顿在 14 年后独立推出了这个公式，并以此为桥梁，很快发现了万有引力。

惠更斯设计的摆钟

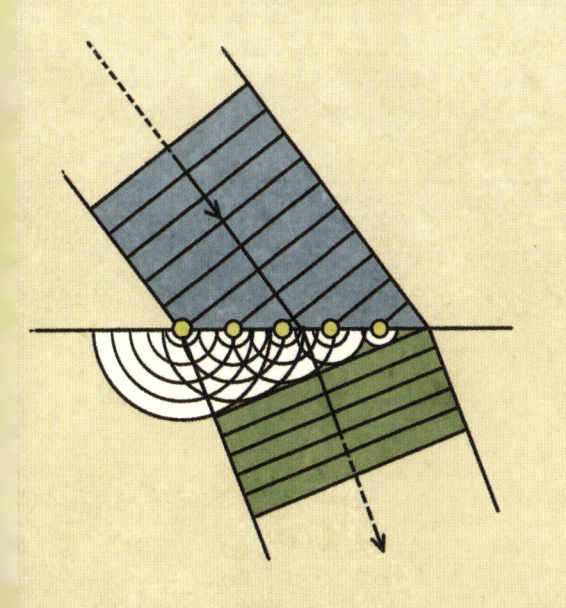

光是一种波

牛顿主张光是一种粒子流。惠更斯提出反对意见，认为如果光由微粒组成，那光在交叉时就会因碰撞而改变方向。在公元 1690 年出版的《论光》一书中，他提出了光是振动的传播的理论。当时人们已经知道声音是通过空气传播的一种波。惠更斯认为，光与声音类似，不过是通过以太这种介质传播。运用波动理论可以解释光的折射。但当时的反对意见也很强烈：声波可以绕过障碍物，但众所周知光是直线传播的。

人们慑于牛顿的崇高威望，光是由微粒组成的说法流行了一个世纪之久，直到托马斯·杨复兴波动说为止。

最伟大的天才——牛顿

牛顿也许是有史以来最伟大的天才。在数学上，他发明了微积分；在天文学上，他发现了万有引力，开辟了天文学的新纪元；在力学中，他系统总结了三大运动定律，创造了完整的牛顿力学体系；在光学上，他发现了太阳光的光谱，发明了反射式望远镜。一个人只要拥有其中任何一项成就，就足以名垂青史，而他一个人都达成了。

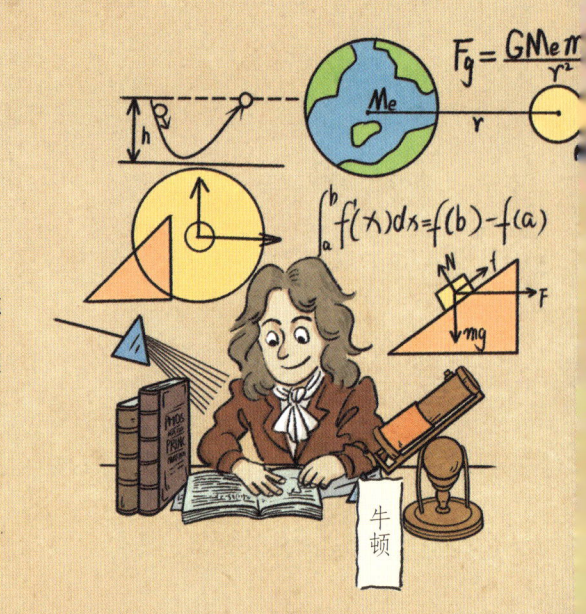

从乡下孤僻少年到剑桥大学学生

伊萨克·牛顿生于英国林肯郡的伍尔索普村，那棵传奇的苹果树据说就长在这里。他出生的时间颇有几分传奇，按儒略历算是公元1642年的12月25日，按格里高利历算则是公元1643年1月4日。英国采用新历较迟，说他生于伽利略去世那年或次年都可以。

在旁人眼里，牛顿小时候性情孤僻。他喜欢摆弄机械零件。据说，他曾做过一个以小老鼠为动力的磨坊模型，还曾给风筝挂上许多小灯笼，夜里放飞后像彗星一样，他尤其喜欢做日晷。

他在小学阶段并不显得十分聪明，成绩平平。12岁，上了中学后，他才在学习上成为一名佼佼者。在此期间，他的母亲希望他留在家里帮忙务农。幸亏他的舅舅慧眼识英才，注意到这个年轻人的潜力，极力推荐他去剑桥大学深造。

公元1661年，牛顿以减费生身份进入剑桥大学三一学院，在这里遇到了对他影响巨大的卢卡斯数学教授巴罗。在他的引导下，牛顿基本掌握了当时最前沿的数学和光学知识，踏入了科学的大门。

奇迹之年

公元 1665 年年初，牛顿从剑桥大学毕业。当时伦敦正闹瘟疫，于是他回到了伍尔索普村母亲的农庄。这是他人生中创造力最旺盛的一段时间。发明微积分，做色散实验，形成关于万有引力的核心观点，都在这一时期。

微积分

公元 1665 年 11 月至次年 5 月，牛顿发明了流数运算法，即后来所说的微积分。他这项工作的初衷是为了算出连续运动中的瞬时速度。在微积分发明之前，人们只能运用距离除以时间求平均速度的老办法，不断切分距离和时间，来接近某一时间点的瞬时速度。

太阳光谱理论：太阳光是彩色的

在牛顿之前，已有包括开普勒、笛卡儿、波义耳、惠更斯在内的许多科学家对太阳光的颜色及彩虹的成因做过探索。直到牛顿做用三棱镜分解太阳光的实验，这一谜底才彻底揭开。

公元 1666 年 1 月，在乡下农场躲避瘟疫的牛顿布置了一间暗室，在窗板上开了一个圆形小孔，让太阳光射入，把三棱镜举在小孔前，立刻在对面墙上看到了像彩虹一样鲜艳的色带。之后他又成功第用第二块三棱镜使这些彩色光复原为白光。这个实验证明了太阳光并非单色光，而是多种光的合成。

光谱的发现使他相信，折射式望远镜必定会出现色差，即在透镜周围出现杂乱的彩色光轮，这促使他发明了反射式望远镜。

吊起地球的苹果

我们都熟悉牛顿和苹果的故事。苹果为什么会落地而不是飞上天去？牛顿认为，这是因为苹果和地球互相吸引。注意，是互相吸引，意思是，苹果落向地球，地球也落向苹果。后者听起来简直匪夷所思，有谁见过地球被苹果吊起来！但这是真的。苹果和地球因为引力的缘故都在向对方移动，只不过移动的距离跟它们的质量有关。现在公认的地球质量接近 60 万亿亿吨，而一个苹果再大也不会超过 2 千克。因此，地球朝苹果移动的距离非常非常小，我们很难觉察。

万有引力

万有引力的"万有"是普遍的意思。牛顿的伟大之处在于，他证明了让苹果落地的力和使月亮绕着地球转、行星绕着太阳转的力属于同一种力。但如果照搬苹果和地球的例子，月亮应该朝着地球坠落，地球也应该朝着太阳坠落才对。这种情况并没有发生。因为绕太阳运行的行星既在公转也在自转，由此产生的离心力跟太阳的引力对抗，使它们不至于一头扎进太阳里去。

三大运动定律

牛顿在总结前人研究的基础上，提出了著名的牛顿运动定律。

牛顿第一定律：任何物体都会保持匀速直线运动或静止状态，直到外力迫使它改变运动状态。

牛顿第二定律：物体加速度的大小跟作用力成正比，跟物体的质量成反比，且与物体质量的倒数成正比；加速度的方向跟作用力的方向相同。

牛顿第三定律：相互作用的两个物体之间的作用力和反作用力总是大小相等，方向相反，作用在同一条直线上。

《自然哲学的数学原理》

牛顿系统总结自己关于动力学和引力问题的研究，于公元 1686 年写成了《自然哲学的数学原理》一书，拉丁文初版于公元 1687 年 7 月问世。这部伟大的著作开辟了一个全新的宇宙体系。

英国诗人波普写了一首诗赞美牛顿：
"自然和自然界的规律，
　隐藏在黑暗里。
上帝说：让牛顿去吧！
于是，一切成为光明"。

伟人和孩童

公元 1727 年 3 月 20 日凌晨一点多，牛顿在睡梦中安然长眠，终年 84 岁。他被安葬在威斯敏斯特教堂，一个安葬英国英雄的地方。这位用科学的头脑征服世界的伟人为我们留下了名言。

"我不知道世人怎样看我，但我自认为我不过是像一个在海边玩耍的孩童，不时为找到比常见的更光滑的石子或更美丽的贝壳而欣喜，而展现在我面前的是全然未被发现的浩瀚的真理海洋。"

◆ 第五章 ◆ 从炼金术到化学
开创医药化学的人

帕拉塞尔苏斯

帕拉塞尔苏斯公元1493年生于瑞士，父亲是一名医生。他曾在瑞士的巴塞尔大学学习，在意大利取得医学博士学位，30多岁时当上了巴塞尔大学的医学教授。他还曾在奥地利研究矿石，是炼金术的信奉者，相信可以将贱金属炼为贵金属，从矿物中提取"长生不老药"。但他大大扩展了炼金术的概念，使其包括一切化学过程，因此被尊为"医药化学的开创者"。

用矿物质制药

从前的人主要用植物制药。帕拉塞尔苏斯在医学上的主要贡献是引进了矿物质作为药物。

为了制药，他考察了许多金属的化学反应过程，并总结了标准反应的一般特征。据说，帕拉塞尔苏斯第一个发现了锌，给酒精正式命名的也是他。

三要素说

帕拉塞尔苏斯认为在人身体里起作用的是如下三种要素：硫、汞和盐。硫代表颜色和可燃性元素，汞代表流动性元素，盐代表坚固性元素。它们分别对应人的精神、灵魂和身体。"三要素说"实际上是关于物质三态（气、液、固）的一种形象说法。

把自负写在名字里

帕拉塞尔苏斯为人自负，这个名字是他的自称，意思是"超过古罗马时代的名医塞尔苏斯"。据说他还十分看不上被当时人们奉为权威的另一位古罗马医生盖伦。有一次上课时，他竟然把盖伦的著作连同硫黄和硝石一起放在黄铜盘子里烧了。这个过火的举动直接让他丢了工作。

沉迷矿物学的医生

阿格里科拉

莱比锡大学

阿格里科拉本名乔治·鲍尔。这两个名字都是"农民"的意思。他公元1494年出生于德国萨克森，公元1518年毕业于莱比锡大学，随后在意大利费拉拉大学学医。受同时代的帕拉塞尔苏斯影响，他也对矿物产生了兴趣。

他利用在矿区行医的机会，系统考察了采矿和冶金业，写出了著名的《论金属》，或称《论矿冶》。书中总结了当时采矿工人的实践知识，记述了当时已知的采矿和冶金方法，还配有精致的插图，因此极受欢迎。这本书为阿格里科拉赢得了"近代矿物学之父"的美称。

探矿

赫尔蒙特的定量实验

赫尔蒙特公元 1577 年生于比利时布鲁塞尔一个贵族家庭,青年时代曾在卢汶大学学习古典著作,后前往欧洲旅行并学习医学。公元 1609 年,他在卢汶大学取得医学博士学位,此后一直在家里做化学实验。在定量实验方面,他是那个时代最重要的人物。

柳树实验

亚里士多德认为物质的基本成分是土、水、气、火四种元素。赫尔蒙特对此有不同看法。他认为,火根本没有物质的外形,土可由水生成,气作为一种元素无法变成其他形式的物质。在他看来,"一切有形物体,实质上都只是水的产物,也都可以再由自然界或人工还原为水。"

为了论证"万物源于水",他设计了许多实验,其中最著名的是"柳树实验"。他在一个瓦盆里装了 200 磅(1 磅 =0.4536 千克)干燥的土,然后用水浇湿,种上 5 磅重的柳树苗。5 年后,柳树苗长成了 169 磅 3 盎司(1 盎司 =0.0283 千克)多的大树。他重新将瓦盆里的土晾干,发现原来的土只减少了 3 盎司。他据此推测,新长出的 164 磅重的木头、树皮和树根只能是由水产生的。

"空气"不是一种气体

在赫尔蒙特之前,人们只笼统地知道"空气"。但赫尔蒙特认识到自然界存在许多种气体,它们具有不同的特征。比如,动物排泄物发酵所得的"肥气"可以燃烧,木头燃烧得到的"野气"可以使火焰熄灭。他借用帕拉塞尔苏斯用来称呼"空气"的希腊语 chaos(混沌)造出了一个新词"气体"(gas)。

"怀疑的化学家"波义耳

罗伯特·波义耳公元1627年生于英国爱尔兰伍特福德一个贵族家庭，自小有神童之名。他8岁进入伊顿公学，据说当时就已经会希腊文和拉丁文了，11岁随家庭教师周游欧洲，读了伽利略和笛卡尔的著作。17岁，他继承了父亲留下的丰厚遗产，从此可以心无旁骛地钻研科学。

公元1654年，波义耳移居牛津，在那里结识了胡克并收其为助手。公元1668年，他移居伦敦，在那里埋头从事化学实验，写出了许多实验报告和理论著作。

波义耳最重要的著作是公元1661年出版的《怀疑的化学家》，这本书标志着近代化学从炼金术脱胎而出。此前的医药化学家们在物质分类和定量研究方面做了许多工作，但多以实用为目的。从波义耳开始，化学被看成一门理论科学，不再只是制造贵重金属或有用药物的经验技艺。

元素的概念

波义耳认为，世间万物不会只由寥寥几种元素组成。而且，元素应该是原始、简单、完全没有混杂的，既不能由其他物体也不能由它们自身混合而成。任何物体都不是真正的元素，因为它们都处于"化合"状态。化学家的任务不是考虑自然界由多少种元素"化合"而成，而是在实验中考察自然界是如何被"化合"出来的。

火在化学分解中的作用

炼金术传统认为，所有元素都预先混合在物质之中，火可以将它们分离开来。波义耳认识到混合与"化合"的不同。在混合物中，每个组分保持自身的特性，能够相互分离，在"化合"物中却不是这样。并非所有"化合"物都能用火分离，经火分离出的物质也不一定是元素，也可能是另一种"化合"物。

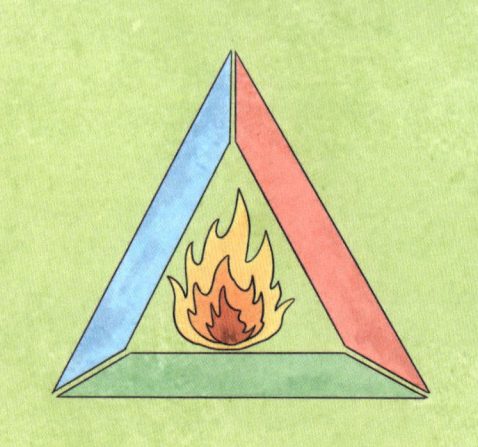

燃烧与空气

波义耳通过几个燃烧实验发现，有一部分空气是燃烧所必需的。

实验一：硫黄在真空中燃烧。在没有空气时，带硫黄的纸卷只冒烟不着火，一放进空气，纸卷马上冒出蓝色火焰。这表明空气是燃烧的必要条件。

实验二：在未完全抽空的容器里，燃油足够的油灯不久就熄灭了，这表明，只有某一部分空气才是燃烧所必需的。

波义耳还认识到，像灯火一样，动物的生命也依靠空气中的某一部分来维持。公元 1664 年，他的助手胡克用压缩空气做实验，发现火焰或动物在高压空气中持续或存活的时间比在普通空气中要长。这意味着它们所需要的是同一部分空气，胡克称它为"亚硝气"。而"氧气"这个词要到 100 多年后才出现。

◆ 第六章 ◆ 近代生命科学的肇始
解剖人体的维萨留斯

安德烈·维萨留斯公元1514年生于比利时布鲁塞尔的一个医生世家，他的曾祖父、祖父和父亲都曾担任宫廷御医。在他生活的时代，关于人体生理构造的研究，最受尊崇的学术权威是罗马时代的医生盖伦。但盖伦的人体学说主要基于对动物的解剖，存在许多错误。

维萨留斯在巴黎大学医学院学习时，解剖学教授们只会重复盖伦的观点，有时会让屠夫或理发师演示如何解剖动物，不屑于亲自动手。在系统学习盖伦学说的同时，维萨留斯偷偷进行人体解剖，据说他挖掘过无主墓地，夜间到绞刑架下偷过尸体。通过这些艰苦而冒险的活动，他掌握了丰富的人体解剖学知识。

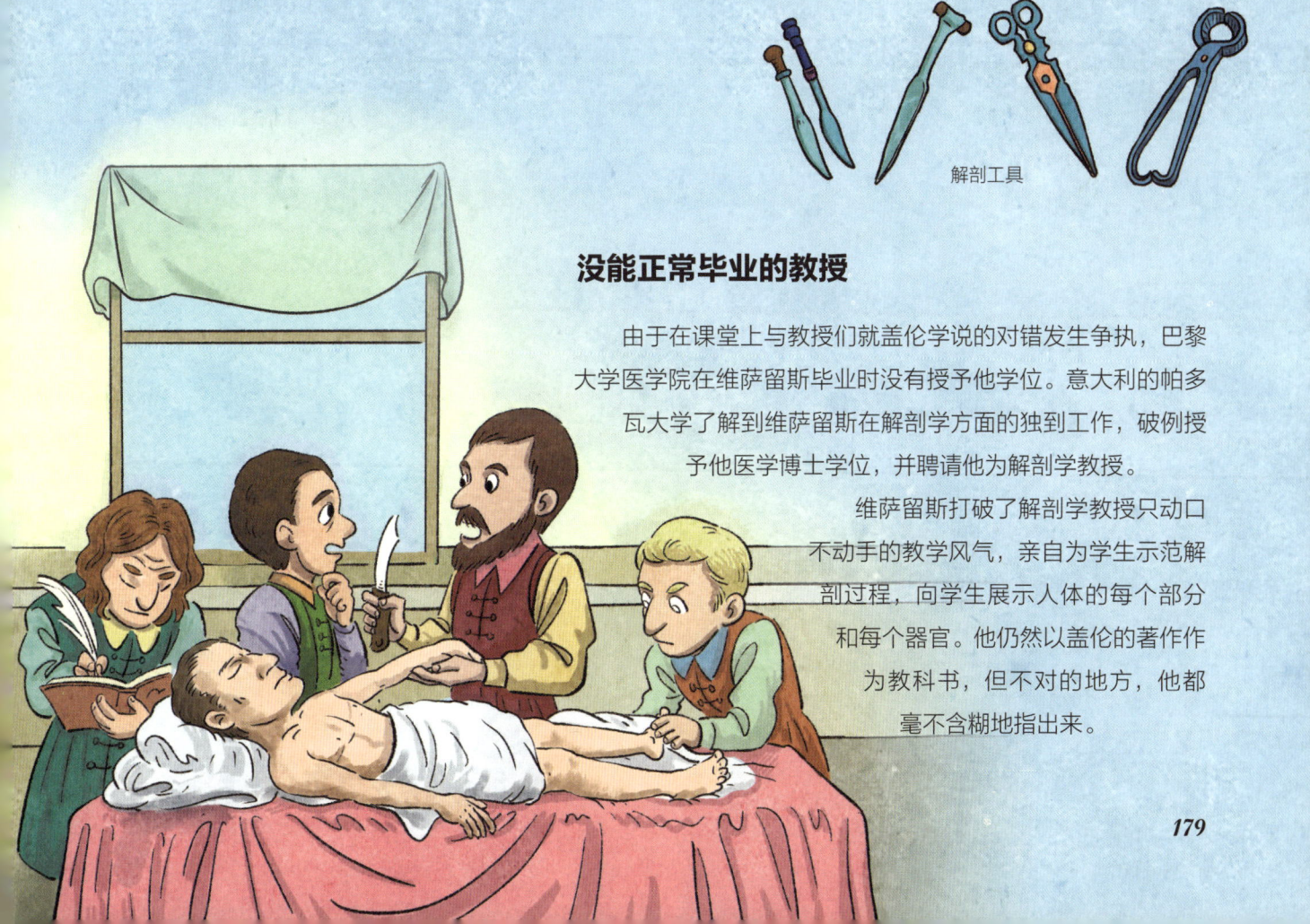

解剖工具

没能正常毕业的教授

由于在课堂上与教授们就盖伦学说的对错发生争执，巴黎大学医学院在维萨留斯毕业时没有授予他学位。意大利的帕多瓦大学了解到维萨留斯在解剖学方面的独到工作，破例授予他医学博士学位，并聘请他为解剖学教授。

维萨留斯打破了解剖学教授只动口不动手的教学风气，亲自为学生示范解剖过程，向学生展示人体的每个部分和每个器官。他仍然以盖伦的著作作为教科书，但不对的地方，他都毫不含糊地指出来。

维萨留斯

盖伦：人的腿骨像狗腿骨一样是弯的。

维萨留斯：不对，人的腿骨是直的。

《圣经》：男人的肋骨比女人少一根。

维萨留斯：不，男人和女人的肋骨一样多。

《圣经》：人身上都有一块不怕火烧、不会腐烂的复活骨，它支撑着整个人体骨架。

维萨留斯：没有这样一块骨头。

亚里士多德：心脏是生命、思想和感情活动发生的地方。

维萨留斯：大脑和神经系统才是发生这些高级活动的场所。

维萨留斯之死

《人体结构》对当时流行的许多观点提出了挑战，引起了神学家和保守医学家的不满。

在帕多瓦大学，维萨留斯也遭遇了猛烈攻击，不得已于公元1544年离开。之后他在西班牙当了近20年宫廷医生。他的敌人始终没有放过他。他们诬告他搞人体解剖，宗教裁判所判处他死刑，经西班牙王室从中调解，改判他去耶路撒冷朝圣。公元1564年，在朝圣回来的路上，他乘坐的船遭到破坏，船上乘客被困在赞特岛，维萨留斯在岛上病死。

《人体结构》

在哥白尼出版《天球运行论》的同一年，维萨留斯出版了他的《人体结构》一书，系统阐述了他多年来的解剖学实践和研究。书中依次论述了骨骼系统、肌肉系统、血液系统、神经系统、消化系统、心脏系统和大脑。

书中插图之多，超过古代任何一本解剖学著作。负责绘制插图的是画家提香的一位高足。在维萨留斯的指导下，插图极为精美、准确，时至今日依然令人赞叹。

血液运行的秘密

在人体生理学中，血液的运行机制具有重要地位。维萨留斯已经知道盖伦关于左心室与右心室相通的观点是错误的，但还未意识到我们全身的血液是循环流动的。

塞尔维特发现血液的肺循环

迈克尔·塞尔维特公元1511年生于西班牙纳瓦拉，最初就读于法国图卢兹大学，后进入巴黎大学，在那里认识了维萨留斯，两人成为至交。据说他们曾私下一道进行过人体解剖研究。

塞尔维特一生中最重要的科学发现是血液的肺循环：血液并不是通过心脏中的隔膜由右心室直接流入左心室，而是经由肺动脉进入肺静脉，与这里的空气相混合后流入左心室。这一发现通常被称为小循环，是导向全身循环的重要一步。

塞尔维特之死

塞尔维特的发现首先发表在他的神学著作《基督教的复兴》一书中。他用血液的小循环批评基督教的三位一体学说，先后被罗马宗教裁判所和新教领袖加尔文判处火刑，最终也未能逃脱被烧死的命运。

静脉切面图

法布里修斯发现静脉瓣膜

法布里修斯（1537—1619年）是意大利人，曾在帕多瓦大学学习医学。他的老师法娄皮欧曾是维萨留斯的学生，也是输卵管的发现者。法布里修斯公元1559年在帕多瓦大学获医学博士学位，后来成了该校的外科教授。

在出版于公元1603年的《论静脉瓣膜》一书中，法布里修斯描述了静脉内壁上的小瓣膜。它的奇异之处在于永远朝着心脏的方向打开，而向相反的方向关闭。法布里修斯发现了这些瓣膜，但没能认识到它们的意义。

哈维创立血液循环理论

威廉·哈维公元 1578 年生于英国肯特郡。他在剑桥大学取得医学学士学位，之后去了维萨留斯曾任教的意大利帕多瓦大学，在那里获得医学博士学位。他留学期间，法布里修斯正在帕多瓦大学担任外科教授。

哈维毕业后回到伦敦行医。他医术高明，很受病人欢迎，据说哲学家弗朗西斯·培根经常找他看病。行医之余，哈维继续从事解剖学研究，对心血管系统进行了细致的考察。他的发现包括：

心脏的结构和功能： 心脏每半边又分为两个腔，上下腔之间由一个瓣膜相隔，这个瓣膜只允许上腔的血液流到下腔而不允许倒流。今天我们将上腔称为心房，下腔称为心室。大动脉与左心室相连，静脉与右心房相连。肺动脉和肺静脉则将右心室和左心房连通，形成小循环。

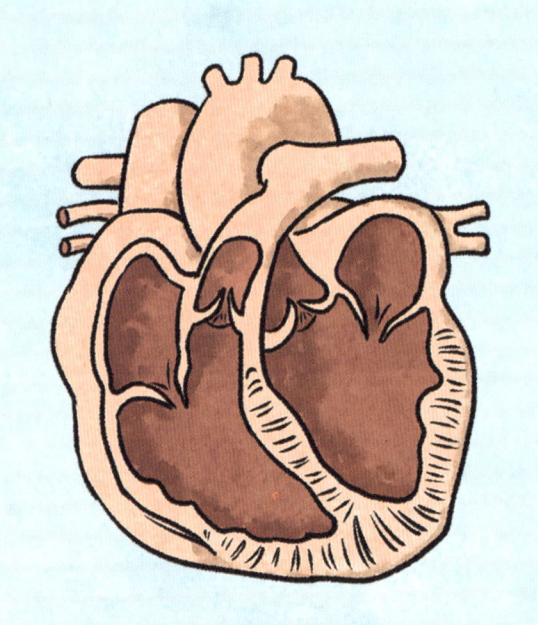

牛津自然博物馆中右手拿着心脏的哈维大理石雕像

心脏是一块中空的肌肉，不停地做收缩和扩张运动。收缩时将血液压出去，扩张时将血液吸进来。心脏的结构表明，它只可能吸收来自静脉的血液，也只可能将血液压往动脉。

血液的单向流动： 动脉壁较厚，具有收缩和扩张的能力，静脉壁较薄，里面的瓣膜使得血液只能单向流向心脏。结合心脏的结构，这意味着生物体内的血液总是单向流动的。

为了证实这一点，哈维做了一个人体结扎实验。当他用绷带扎紧人手臂上的静脉时，心脏变得又空又小，而当扎紧手臂上的动脉时，心脏明显涨大。这表明静脉确实是心脏血液的来源，而动脉则是心脏向外泵出血液的通道。

血液的循环运动：解剖发现，人的左心室容量约为 2 盎司（1 盎司 =0.028 3 千克）。以每分钟心脏搏击 72 次计算，每小时由左心室进入主动脉的血液流量应为 8 640 盎司。这个数相当于普通人体重的 3 倍，人体无论如何也不可能吸收这么多血液。由于人体内血液单向流动，这些血液是从静脉来的，而肝脏在这么短的时间内绝不可能造出这么多血液来。唯一的解释就是，人体内的血液是循环运动的。

《心血运动论》

公元 1616 年，哈维在为学生讲授解剖学时公布了他的血液循环理论，但未在伦敦学术界引起多少反响。之后他继续进行研究，并于公元 1628 年出版了《心血运动论》。这部生理学史上划时代的著作只有 72 页，系统总结了他所发现的血液运动规律及其实验依据，宣告了生命科学新纪元的到来。

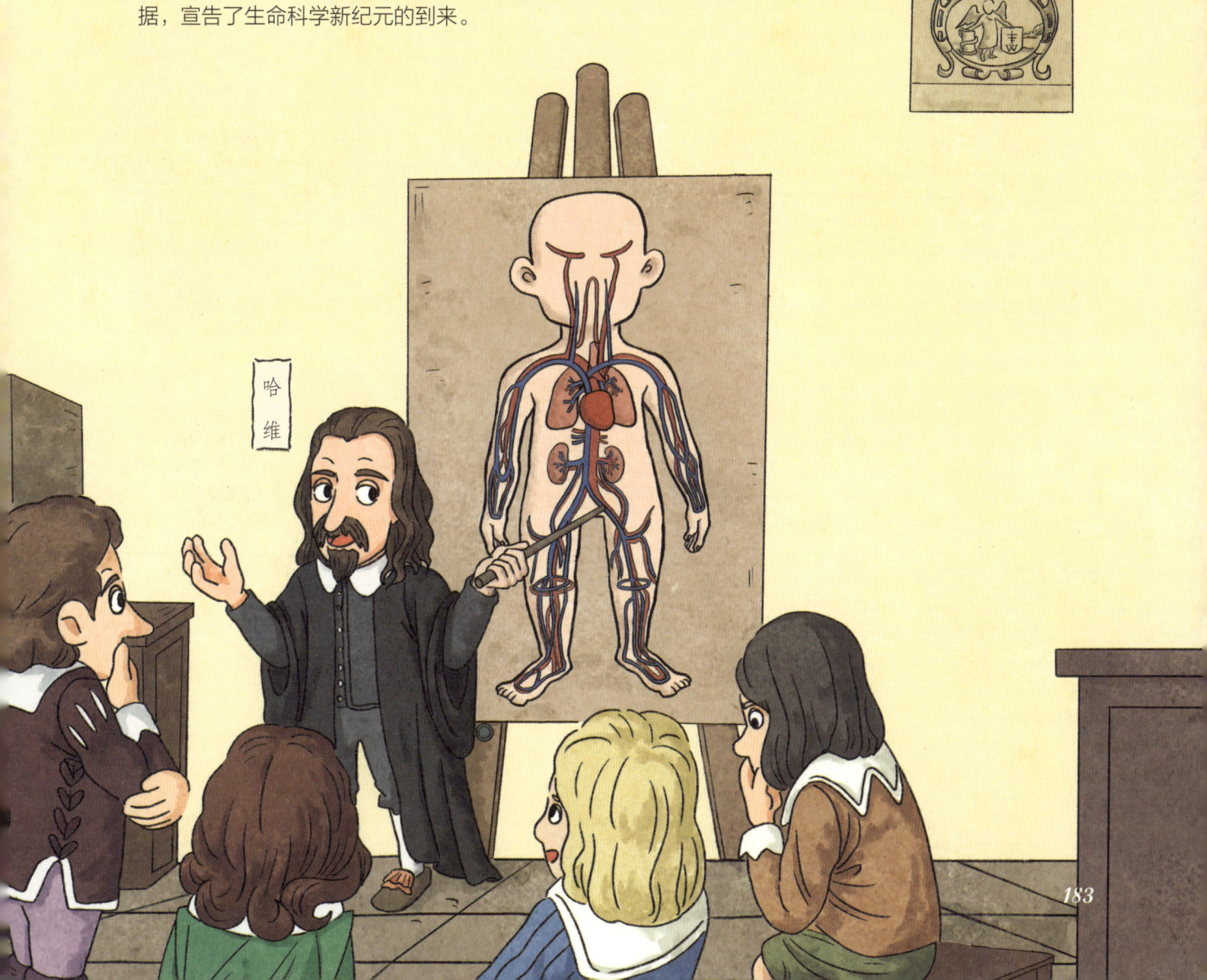

显微镜下的新世界

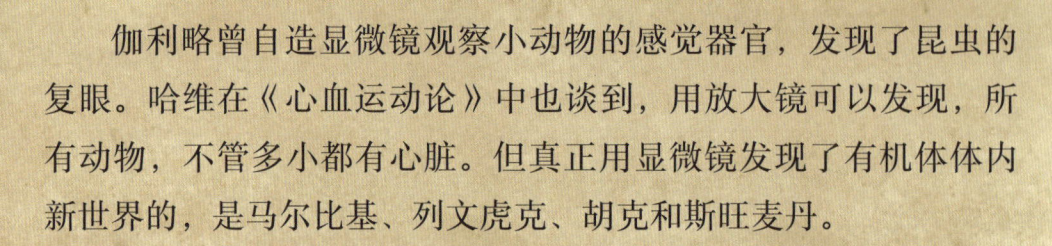

伽利略曾自造显微镜观察小动物的感觉器官，发现了昆虫的复眼。哈维在《心血运动论》中也谈到，用放大镜可以发现，所有动物，不管多小都有心脏。但真正用显微镜发现了有机体体内新世界的，是马尔比基、列文虎克、胡克和斯旺麦丹。

马尔比基的发现

马尔切诺·马尔比基（1628—1694 年）是意大利人，公元 1653 年在博洛尼亚大学获得医学博士学位。他的显微研究的成果主要包括：

他发现青蛙的肺里布满了复杂的血管网，这种结构使血液在肺内很容易将空气带走，而且正是这种血管网连接了肺动脉和肺静脉。他在蛙体其他部位也发现了十分纤细的血管。这些血管尽管用肉眼看不见，但在显微镜下清晰可见，这就是今日我们十分熟悉的毛细血管。正是这些毛细血管使身体内部各处的动脉与静脉相连通。

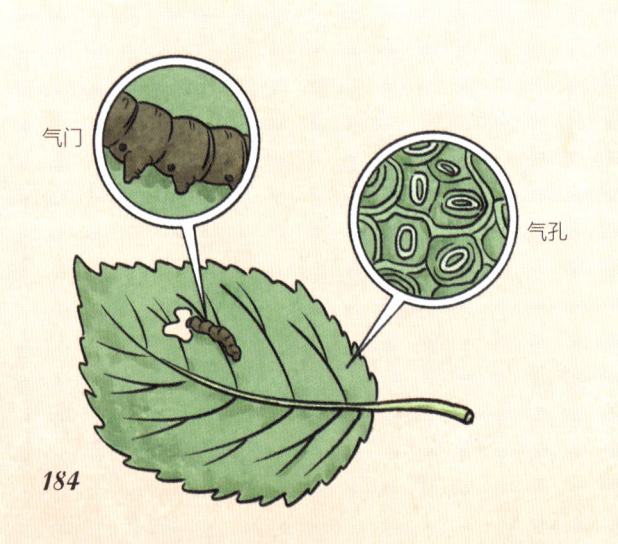

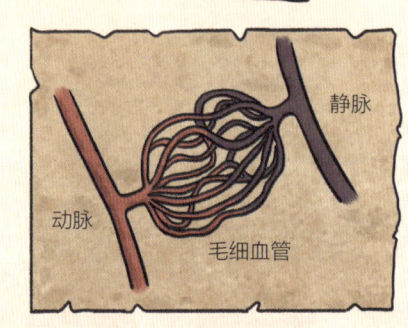

他发现蚕这种小动物有着十分复杂的呼吸系统，用来呼吸的小管遍布全身。植物茎秆内也有这样的小管。经过大量观察，他提出，呼吸器官的大小与有机体的完善程度成反比，有机体越低级，呼吸器官在体内占比越大。

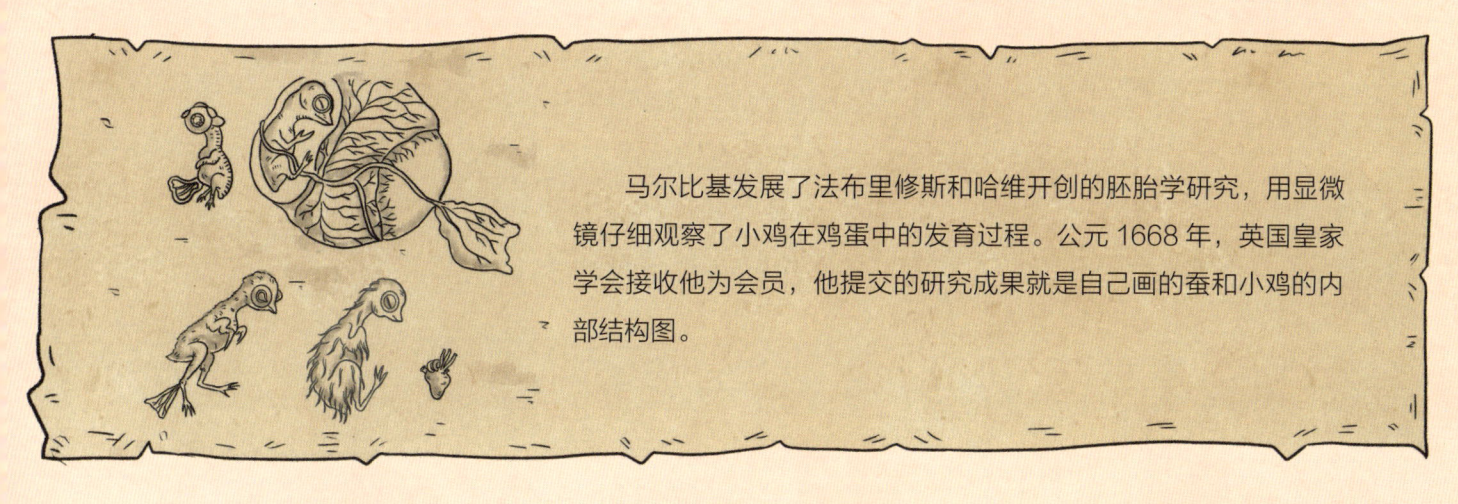

马尔比基发展了法布里修斯和哈维开创的胚胎学研究，用显微镜仔细观察了小鸡在鸡蛋中的发育过程。公元1668年，英国皇家学会接收他为会员，他提交的研究成果就是自己画的蚕和小鸡的内部结构图。

列文虎克的发现

列文虎克公元1632年生于荷兰代尔夫特市，家境贫困，从小没念过多少书。成年后，他先是经营服装店，后来谋到了市政大厅管理员的职位。他的科学知识主要来自自学。

因为没有多少光学知识，他没能造出复式显微镜。但他心灵手巧，自制的透镜质量极好，放大倍率高，因此，他这种只有一个透镜的单显微镜也十分实用。

请来到微观世界

从公元1673年起，列文虎克不断将自己的新发现写信告诉英国皇家学会。一开始，学会对这些信置之不理。列文虎克干脆寄来了自制的显微镜。这台新仪器下面的微观世界让学会成员们十分吃惊。公元1680年，英国皇家学会选举他为会员。同年，他也被法国科学院选为院士。

公元1675年，列文虎克在一只新瓦罐中盛的雨水里观察到了单细胞有机体，即原生生物，大约只有肉眼可以见到的水虱子的百分之一大。

他追随马尔比基观察毛细血管，在许多动物身上都发现了血液循环现象。他曾用自制的显微镜观察蝌蚪的尾巴，发现了五十多个毛细血管。

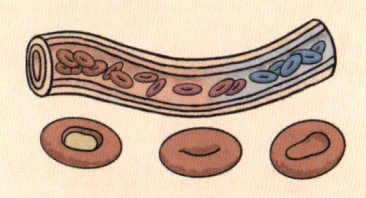

列文虎克最早发现了红细胞。他指出，在人和其他哺乳动物的血液中，红细胞是球形的，而在低等动物身上，红细胞是椭球形的。

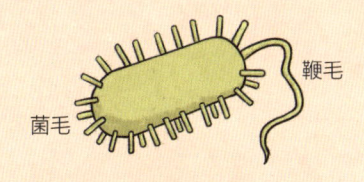

公元1683年，列文虎克发现了比原生生物更小的细菌。

鞭毛

菌毛

列文虎克

胡克和他的《显微图》

物理学家胡克在显微生物学领域也颇有建树。他自制了一台拥有目镜、物镜和载物台的复式显微镜。尽管透镜质量不好，清晰度和倍率一般，但它开创了显微镜日后的发展方向。

公元 1665 年，胡克出版了《显微图》。书中有几十幅他手绘的极为精细的插图，展示了他在显微镜下看到的清晰物象。其中有一幅图描摹了苍蝇的复眼，还有一幅，把跳蚤多节的长腿上的毛发都画了出来。

在这本书里，胡克首创了"细胞"（cell）一词，描述他在显微镜下看到的软木片上那些小孔（cell 有小房子的意思）。后来人们发现，这些小孔实际上装满了复杂的液体，是生命组织的基本成分。"细胞"概念真正确立则是一个多世纪以后的事情了。

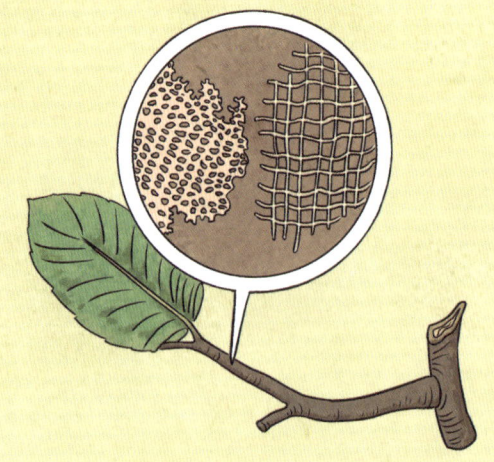

软木塞的细胞结构

斯旺麦丹研究昆虫

斯旺麦丹公元 1637 年生于荷兰的阿姆斯特丹，是一位药商的儿子。他自幼喜爱昆虫，后来又对显微解剖技术发生了兴趣。

他采集了约 3 000 种昆虫标本，用显微镜研究它们的解剖结构。这一艰巨的工作奠定了近代昆虫学的基础。

过去有人认为，某些生物可以从它们所在的物质中自然产生，无须经由上一代繁衍，就像脏衣服生虱子，死水里长蚊子，粪便滋生蝇蛆，这就是所谓生命"自然发生说"。斯旺麦丹证实了这种说法是错误的。在每一处被认为是生命自然发生的地方，他都通过显微镜发现了更细小的卵的存在。

◆ 第七章 ◆ 近代科学的观念和方法 ◆

弗朗西斯·培根：实验科学的鼓吹者

近代自然科学有别于中世纪知识传统的第一个特征就是注重实验。在强调这种差别及倡导实验方法方面，英国哲学家弗兰西斯·培根十分引人注目。

培根文笔出色，写了许多脍炙人口的文章，批判经院哲学，宣传新的科学方法。他并未投入当时的科学实践，精心设计的方法论也因不合时宜未派上用场，但他的思想影响深远。有科学史家将他比作希腊的瘸腿诗人提尔泰奥斯，后者不能打仗，但他的诗篇鼓舞了战场上的士兵。

公元 1561 年，出生于伦敦

公元 1605 年，发表《学术的进展》

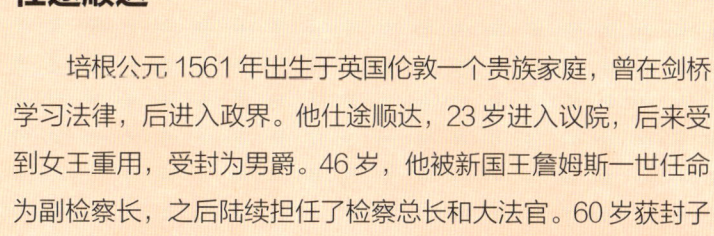

弗兰西斯·培根

公元 1618 年成为大法官，公元 1621 年再封为子爵

公元 1621 年，因受贿入狱

公元 1626 年，培根去世

公元 1601 年，受到女王重用

仕途顺达

培根公元 1561 年出生于英国伦敦一个贵族家庭，曾在剑桥学习法律，后进入政界。他仕途顺达，23 岁进入议院，后来受到女王重用，受封为男爵。46 岁，他被新国王詹姆斯一世任命为副检察长，之后陆续担任了检察总长和大法官。60 岁获封子爵，仕途达到巅峰。同年，他被控受贿，政治生涯中断。此后他埋头著书立说，直到公元 1626 年在伦敦去世，终年 65 岁。

知识就是力量

公元 1605 年，培根出版《学术的进展》一书。他在书中高度评价印刷术、火药和指南针的发明，认为它们改变了整个世界的面貌。他意识到科学技术将成为一种最重要的历史力量，因此高度赞扬科技发明。"知识就是力量"这句名言就是在这样的背景下提出的。

弗兰西斯·培根

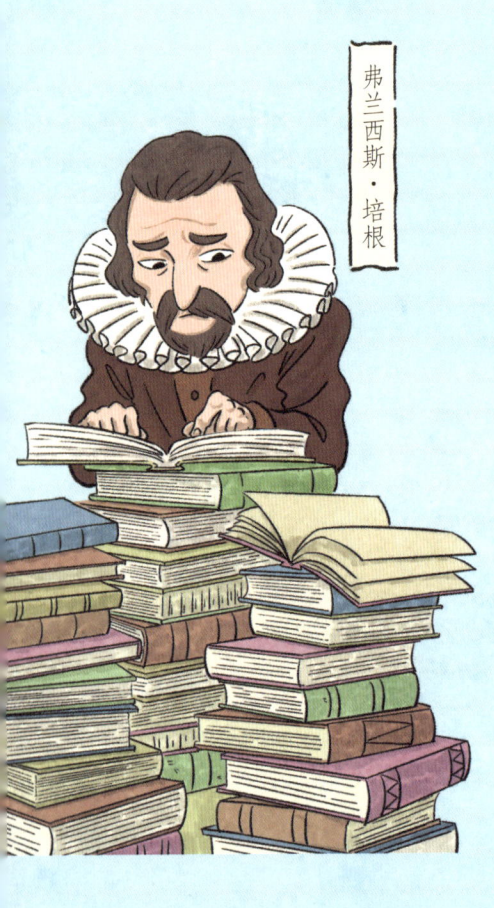

实验归纳法

培根阐述他的科学方法论的著作名为《新工具》，与亚里士多德的《工具论》意见相左。

他提出了实验归纳方法论。他认为，正确的认识方法首先是不带偏见，在占有了足够的经验事实后，进行分类和鉴别，然后是归纳。培根的方法论基本上还是亚里士多德那一套，他所批评亚里士多德的只是事实不够、归纳匆忙等，在定性观察、按形式分类等方面，与亚里士多德并无二致。

培根反对假设演绎法，不重视数学在科学实验中的地位和作用，这使他对伽利略的工作毫无反应。他本人搜集了一些事实，但许多不太可靠，做了几个实验，但没有得出什么有意义的结论。最后，他在一次关于雪能防腐的实验中受寒，患了气管炎身亡。

培根发明的有条理的归纳法在 17 世纪的数理科学中发挥不了什么作用，但在以后主要靠搜集资料得出结论的生物科学和地质科学中大有用武之地。

科学之国

培根在科学方法上的另一个重大贡献是，最先倡导有组织的集体协作研究。在晚年写的《新大西岛》一书中，他虚构了一个科学技术高度发达的国度。这个国度由"所罗门宫"里的科学家管理，而"所罗门宫"是一个有组织的科学研究机构。这本书出版后不到半个世纪，英国的实验科学家们仿照所罗门宫成立了一个"无形学院"，定期聚会讨论问题、交流最新研究成果。公元 1663 年，"无形学院"得到查理二世签署的第二道皇家特许状并授名，成为著名的英国皇家学会。

查理二世

弗兰西斯·培根

布隆克尔勋爵

笛卡儿：我思故我在

少年笛卡儿

勒内·笛卡儿在公元 1596 年生于法国图赖讷地区一个贵族家庭。从小体弱多病，使他养成了早晨躺在床上思考问题的习惯。青年时期，他曾加入军队，辗转于欧洲各地。离开军队到去世前的 20 多年，他基本隐居荷兰，集中精力进行哲学和科学研究。据说他是因大冬天早起给瑞典女王克里斯蒂娜讲课而感染肺炎过世的。

笛卡儿被誉为近代哲学的开创者，在科学史上也是位重要人物。他在数学和力学上也都做出了开创性贡献，且第一个系统地表达了机械自然观。在科学方法论上，他推崇数学演绎法，与把经验放在第一位的培根形成对照。

魔鬼的恶作剧

笛卡儿认为，经验诚然重要，但往往并不可靠。以经验为基础进行科学推理很容易出错。他推崇演绎法，只要前提没问题，结论就不会出错。但是，如何才能得到一个真正可靠的前提呢？他认为必须先怀疑一切，然后从中找出那清楚明白、不证自明的东西。

他设想了一个极其狡猾的魔鬼，它费尽心思愚弄人类。你眼睛看到的，耳朵听到的，鼻子闻到的，双手触摸到的，都可能是它变幻出来欺骗你的。你眼中的自己的形貌也可能是幻象，就像庄周梦蝶或者《盗梦空间》里描述的那样。就连三加二等于五、正方形有四条边这样似乎明确无误的判断，也有可能来自它对你思维的操纵。假如我们无法确定这个魔鬼不存在，是不是我们的一切认识都不可靠？笛卡儿说，还剩一件事无可置疑，那就是"我在怀疑"。这个行为的前提是"我"存在。因此，"我思故我在"是个清楚明白的命题。笛卡儿由此出发，重新确认了外部世界的存在。

笛卡儿

克里斯蒂娜

笛卡儿

光的折射

人是机器

"机械的"一词原意是"力学的",但笛卡儿赋予它另一层意思:"可以用机械模型加以模仿的"。他认为,人造的机器与自然界中的物体没有本质差别,其机能都可以用力学来解释。人体本质上也是一架机器,五脏六腑就如同钟表里的齿轮和发条,动力来自血液循环,外界引起的感觉由神经传至大脑。

直角坐标系

笛卡儿在数学上的伟大贡献是发明了直角坐标系,据说是他躺在床上凝视蜘蛛网时领悟到的,这一发明将代数和几何统一起来。以之为基础的解析几何将几何曲线与代数方程相联系,为数学的发展开辟了广阔的前景。微积分的发明可以说直接得益于解析几何的建立。

笛卡儿与惯性定律

笛卡儿通过演绎直接得出了运动的惯性原理:"静止的物体依然静止,运动的物体依然运动,除非有其他物体作用;惯性运动是直线运动。"这比伽利略通过实验总结的定律更明确,更普遍。

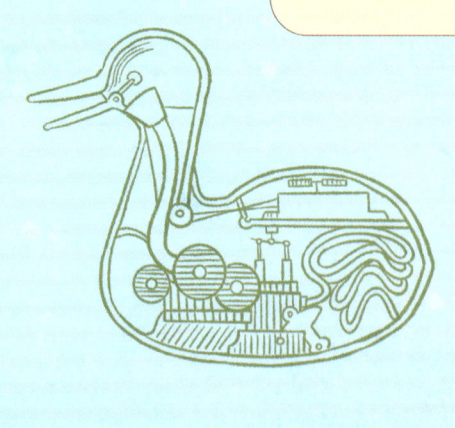

伽利略与牛顿的科学方法

真正代表近代科学方法论精神的既不是培根也不是笛卡儿,而是伽利略和牛顿。

伽利略的"理想实验"

伽利略最先倡导实验加数学的方法,但他所说的实验不同于培根通过观察获得的经验,而是理想化的实验。举例来说,地球上的任何力学实验都无法避免摩擦力的影响,但要认识基本的力学规律,首先要从观念上排除摩擦力。这需要新的概念体系来支撑将做的实验,包括设计、实施和解释实验结果。只有这种理想化的实验才可能与数学处理相配套。

伽利略的研究程序可以分为三步:直观分解、数学演绎、实验证明。面对复杂的自然界,我们首先要通过直观隔离出一些标准样本,将这些样本翻译成数学上容易处理的量,然后通过数学演绎由这些量推出其他一些现象,再用实验来验证这些现象是否确实如此。

牛顿的"归纳-演绎"法

相比笛卡儿,牛顿十分重视归纳。他认为,虽然在实验和观察中使用归纳法无法得出普遍性结论,但归纳是事物的本性所许可的最好的论证方法。样本愈充足,归纳论证的结论愈有力。

但这不意味着牛顿忽视数学演绎,相反,他的公理法是构成他的力学体系的根本方法。只不过,他认为演绎的结果必须重新诉诸实验确证。在伽利略和牛顿这样的近代科学大师那里,实验观察与数学演绎是紧密地结合在一起的。

◆ 第八章 ◆ 欧洲的科学组织与科研机构
意大利的科学组织

佛罗伦萨

在新的科学精神激励下，越来越多才智出众的人士加入探究自然奥秘的行列。他们日益感受到交流、讨论与协作的必要性，于是自发组成小团体，共同研究问题。开明的君主和政府也开始支持自然科学研究。他们出资建立科学社团、实验室和天文台，主持制订大规模的研究计划。作为文艺复兴的发源地和近代科学的摇篮，意大利人也引领了科学活动组织化的潮流。

自然秘密研究会

意大利物理学家波尔塔（1535—1615年）于公元1560年创立了"自然秘密研究会"，这是近代史上第一个自然科学的学术组织。组织成员定期在他家里聚会。该组织成立不久就被教会指为巫术团体而取缔。波尔塔在物理学领域没有什么大的贡献，但在科学组织活动方面极为出色。

林琴科学院

公元1603年，波尔塔又在罗马创立了林琴科学院。"林琴"（Lincei）原意是猞猁，这种动物目光锐利，以它为名象征着对自然奥秘的洞悉。这个组织获得了菲·切西公爵的支持，最繁荣时院士达到32人，伽利略也在其中。公元1615年，由于对哥白尼学说的看法产生了分歧，科学院分为两派。公元1630年，赞助人切西公爵去世，科学院解散。

林琴科学院的徽标

齐曼托学院

公元1657年，伽利略的学生托里拆利和维维安尼在佛罗伦萨发起并成立了齐曼托学院。"齐曼托"是意大利文cimento，意为"实验"。他们取得了托斯卡纳大公斐迪南二世及其兄弟利奥波德亲王的赞助。最初有成员十多人，除了两位发起人，还有数学家及生理学家波雷利（1608—1679年）、胚胎学家雷迪（1626—1697年）和天文学家卡西尼。学院成员一起做过许多次物理实验，其中最重要的是关于空气压力的实验。公元1667年，利奥波德亲王当上了红衣主教，不再提供赞助，学院解散。此后，意大利科学逐步走向衰落。

英国的"所罗门宫"

受培根思想的影响，英国实验科学家们一直想建立一个类似《新大西岛》中描绘的"所罗门宫"的科学组织。

哲学学会

17世纪40年代，在著名科学活动家约翰·威尔金斯（1614—1672年）倡导下，学术团体"哲学学会"成立。会员包括数学家瓦里斯（1616—1703年）和化学家波义耳等人，他们主要在伦敦附近的格雷山姆学院聚会。

威尔金斯是一位牧师，主要从事神学研究，但他所著的《新行星论》一书宣传哥白尼的日心说，在英国影响较大。

公元1646年，在英国资产阶级革命期间，克伦威尔的军队攻占了牛津。威尔金斯和瓦里士等人应邀到牛津大学任职，"哲学学会"一分为二。因为会员流动性大，加之骨干会员的迁居，牛津分部最终不了了之，而伦敦分部却越来越壮大，威尔金斯、瓦里士、波义耳和雷恩后来都到了伦敦分部。

牛津大学

格雷山姆学院

伦敦伯灵顿大厦

英国皇家学会

公元 1660 年 11 月，著名建筑师雷恩（1632—1723 年）在格雷山姆学院召集会议，倡议建立一个新的学院，以增进物理和数学知识，当时称作"无形学院"，威尔金斯被推为主席。

复辟的英国国王查理二世同意成立这样的组织，但要求领导人由他来任命。于是他的近臣莫里爵士成了会长。两年后，查理二世正式批准成立"以促进自然知识为宗旨的皇家学会"，并委任另一位近臣布龙克尔勋爵为第一任会长，威尔金斯和奥尔登堡为学会秘书，胡克为总干事。尽管有皇家许可证，这个学会基本上是个民间组织，经费主要来自会费和富商赞助。

胡克

皇家学会一开始基本贯彻了培根的学术思想，注重实验、发明和实效性研究。胡克为学会起草了章程。学会设立了不少委员会，有机械委员会研究机械发明，贸易史委员会研究工业技术原理，以及各专业委员会，如天文学、解剖学和化学等。实用科学，特别是与商业贸易有关的科学知识，最为学会所重视。

学会的机关刊物《皇家学会哲学学报》由学会秘书奥尔登堡独自出版。奥尔登堡是一位在欧洲很有影响的富商。这份学报主要刊登会员提交的论文、研究报告、自然现象报道、学术通信和书刊信息。

皇家学会搜集了大量实验事实、历史证据和奇异的自然现象，但并未在某一方向上做出开创性贡献，这反映了培根方法论的局限性。伽利略的科学思想一度在学会中占了上风，特别是在牛顿成为会员后，学会对数学的重视明显加强了。但总体上，皇家学会体现了典型的英式经验主义风格。

弗拉姆斯特德

格林尼治天文台

弗拉姆斯特德和格林尼治天文台

今天我们都知道，地理经度的零度线为通过伦敦东郊的格林尼治的一条大圆弧（即本初子午线）。它的来由得从格林尼治天文台说起。

在海上贸易日益频繁的近代早期，测定当地经度成了极为实际的问题，许多国家都意识到了这件事的重要性，拥有庞大商船队的英国尤其如此。

公元 1675 年年初，天文学家弗拉姆斯特德受邀参加一个经度测定委员会，试图通过测定月亮在恒星背景中的位置来确定大海某处的经度。他认为，当时可用的月历表和星历表太不可靠，无法据以测定经度。这使英王查理二世下决心要建一座天文台，台址最后定在伦敦附近的格林尼治。

格林尼治天文台于公元 1676 年 9 月建成，由皇家出资修建。弗拉姆斯特德被任命为"观天家"。在人手、资金和设备都极其有限的情况下，他克服困难，认真观测、计算并积累有用的数据。

牛顿等人催他赶快公布有关数据，期待万有引力早日得到精确天文观测的证实。弗拉姆斯特德则认为，自己为此破费了大量钱财，政府无一分补贴，因此他有权决定何时发表这些成果。两人为此闹翻了。

公元 1712 年，牛顿的朋友哈雷弄到了弗拉姆斯特德的部分观测资料，未经他同意便出版了。弗拉姆斯特德十分气愤，将大部分印刷品买下烧毁。他加紧工作，准备自己出版这些数据，但他没来得及将后来的一些资料付印，便于旧历公元 1719 年 12 月去世了。

他死后出版的全部星表共 3 卷，是望远镜发明以来第一份完备的星历表，包含近 3 000 颗恒星，是布拉赫星表的 3 倍，由于使用了望远镜，恒星定位的精度比布拉赫星表高 6 倍。

哈雷

哈雷彗星轨道

哈雷彗星

弗拉姆斯特德死后，哈雷接任了他在格林尼治天文台的职位。哈雷公元 1656 年生于伦敦，从小热爱天文学。公元 1676 年，在弗拉姆斯特德的提议下，哈雷去南半球观察恒星。他在南大西洋的圣赫勒拿岛建立了一个天文台，经过一年多的观测，成功测定了 341 颗恒星的位置。回到英国后，他被誉为南方的第谷·布拉赫，入选英国皇家学会。

因与牛顿交往，哈雷对彗星发生了兴趣。他系统整理了公元 1337 年至公元 1698 年间出现的 24 颗彗星的运动情况，并认真观测了公元 1682 年出现的彗星。到了公元 1705 年，他发现该彗星与公元 1456 年、公元 1531 年和公元 1607 年出现的彗星轨迹十分相似，它们的间隔正好都是 76 年。这使他意识到它们可能是同一颗彗星。他预言这颗彗星将于公元 1758 年再次回归，但他公元 1742 年就去世了。为了纪念这位科学家，真正目睹该彗星再次回归的人们将其命名为哈雷彗星。

法国：巴黎科学院

　　法国的科学家和哲学家们起初是自发聚会。巴黎的数学家费马、哲学家伽桑狄和物理学家帕斯卡等人，先是在修道士墨森的修道室里，后在行政院审查官蒙特莫尔的家里集会，讨论自然科学问题。英国哲学家霍布斯和荷兰物理学家惠更斯也都参加过。

　　后来，法国国王路易十四的近臣科尔培尔向国王建议成立一个新的科学团体，为国家服务。公元1666年，巴黎科学院正式成立。与英国伦敦皇家学会不同，该科学院由国王提供经费，院士有津贴，因而官方色彩更浓一些。

　　学院的研究分数学（包括力学和天文学）和物理学（包括化学、植物学、解剖学和生理学）两大部分。外籍院士惠更斯将培根的思想带进了这所新成立的科学院。他领导了大量物理学实验工作。物理学家马里奥特（1620—1684年）的气体膨胀定律就是在这期间发现的。

皮卡尔、卡西尼和巴黎天文台

皮卡尔（1620—1682 年）是巴黎科学院第一批天文学院士之一。他是一位出色的天文观测家，率先将望远镜用于精确测量微小角度。他另一项工作是测定地球的周长。他用恒星取代太阳作为参照物，算出地球周长为 24 876 英里（约 4 003 千米），与今天的通用值很接近。

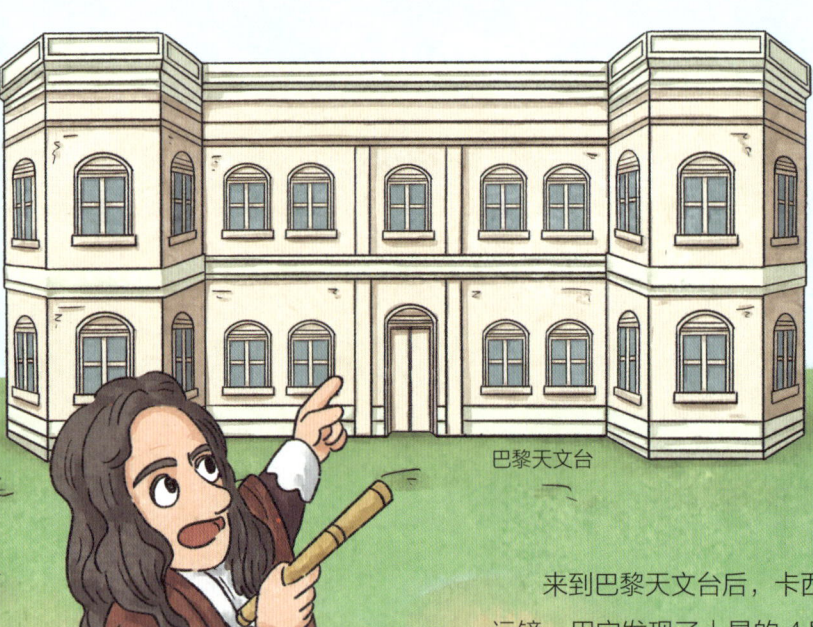

皮卡尔提出应该在科学院名下建一个天文台，该提议获得批准。这座天文台于公元 1672 年建成。皮卡尔十分欣赏当时因编制木星卫星运行表而闻名的意大利天文学家卡西尼（1625—1712 年），遂将他请到巴黎主持天文台的工作。

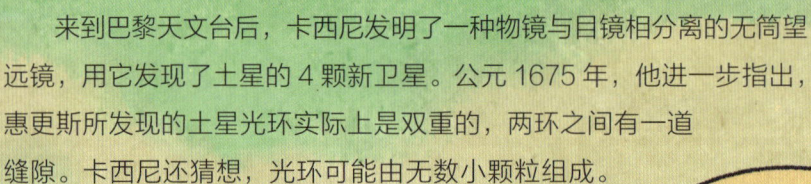

巴黎天文台

来到巴黎天文台后，卡西尼发明了一种物镜与目镜相分离的无筒望远镜，用它发现了土星的 4 颗新卫星。公元 1675 年，他进一步指出，惠更斯所发现的土星光环实际上是双重的，两环之间有一道缝隙。卡西尼还猜想，光环可能由无数小颗粒组成。这一猜想后来被证明是正确的。

公元 1672 年，卡西尼发现了火星的视差，这意味着可以算出火星到地球的距离了，进一步就可以推算出日地距离。

卡西尼的儿子、孙子和曾孙都曾在巴黎天文台工作，他们家族一直"统治"着法国天文学界。这种"近亲繁殖"产生了一些不好的影响，法国天文学的衰落可能与此有关。

丹麦天文学家罗伊默（1644—1710 年）在巴黎天文台工作期间，注意到木卫掩食的时间随地球的运动有所变化，这使他猜到光速可能是有限的。他计算出光的传播速度为每秒 227 000 千米。这个数值虽然偏小，但这是人类对光速的第一次测量和计算。

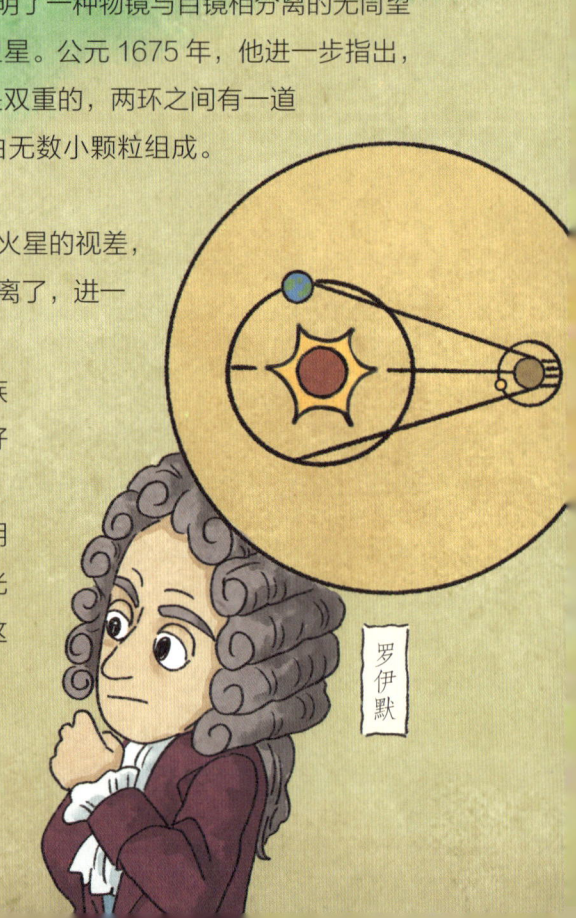

莱布尼茨与柏林科学院

莱布尼茨公元 1646 年 7 月生于德国莱比锡一个名门世家，父亲是哲学教授。莱布尼茨从小好学，12 岁已初步掌握拉丁文，开始学习希腊文。他才华横溢，在多个领域都有杰出的成就。他既是哲学家、数学家，也是外交家和科学活动家。

莱布尼茨的科学成就

在数学方面，他发明了二进制，并设计制造了一台计算机。帕斯卡发明的齿轮计算机只能做加减法，莱布尼茨这台还可以做乘除法。他因此被英国皇家学会选为会员。

他在数学上最大的成就是跟牛顿一样，独立发明了微积分。他于公元 1714 年写了《微分学的历史和起源》一文，陈述了他发明微积分的历史背景。不同于牛顿从运动学出发提出的"流数术"，他是从求曲线上任一点的切线问题入手发明了微分，之后又研究了微分的逆运算积分。

在力学方面，他的主要成就是发现了活力守恒定律，即机械能守恒定律。

筹办柏林科学院

建立科学院是莱布尼茨筹谋了很久的事。早在公元 1670 年，他就开始构想建立一个叫"德国技术和科学促进学院或学会"的机构。在后来的外交官生涯中，他又实地考察了英国皇家学会和巴黎科学院。在他的尽心筹划下，柏林科学院于公元 1700 年正式成立。他本人出任第一任院长。学院不仅研究数学、物理，还研究德语和文学。这种自然科学与人文科学相互关联的风格一直是德国学术传统的重要特征。